编织的世界

U0384903

钩针编织配色图典

现代提花图案 150 例

[美] 布伦达·K·B·安德森（Brenda K.B. Anderson） 著

舒舒 译

上海科学技术出版社

目　　录

导　言

　　与棒针配色编织相比，钩针配色编织的图书实在太少了，这一直让我感到惋惜。钩针编织是如此美丽的手工艺，又有那么多不同的风格和变化，也许正是由于有这么多不同的技法需要考虑，为钩针爱好者准备一本专门的配色编织图书就成了一项更加艰巨的任务。不管是什么原因，我已经深深爱上了钩针的配色编织，并想自己完成这项艰巨的任务。

　　有人会说，钩针配色可以使用棒针的配色图解来制作，确实安德莉亚·兰热尔（Andrea Rangel）的《配色编织图典》给了我很大的启发。尝试将棒针图案运用在钩针制作中时，我发现要想做出成功的钩针配色作品，需要的不仅仅是一个好的图解，还需要了解钩针的基础结构，你所使用的针法将如何同时影响外观和织物的悬垂性（这将产生巨大的差异），如何在钩织密度（松紧程度）中做选择，什么样的毛线才能创作出让你引以为豪的作品，等等。我写这本书的目的，是想让钩针爱好者不再为钩织中的"不确定性"而烦恼，可以在创作新作品时保持自信满满。我希望您能从我的配色图案中找到灵感，就像我从安德莉亚的书中吸收到营养一样！我已经迫不及待地期待着，你们可以用我书中的图案钩织出各种各样的作品。

钩针配色钩织到底是什么？

　　钩针的配色简单来说就是用两种或两种以上的颜色进行钩编，当然这可以用很多不同的钩织方法和不同的钩织线材来完成。在本书中，我选择了一种方法作为基础，因为我认为这适用于许多不同类型的作品和配色图案，而且设计起来也相当简单。

　　通常，这种类型的配色钩织也被称为夹线钩织或提花钩织，但这些术语的定义不一，可能会让人迷惑，因此我将本书中使用的"配色钩织"定义如下：

　　配色钩织为环形钩织，始终看着正面行钩织。以"踏板围巾"为例（见P98），每一行都是从右向左钩织的（左利手为从左向右钩织），在每一行的终点打结。虽然从技术上来说，这件作品并非环形钩织，但是始终看着正面行钩织。使用这种配色钩织的方法时，钩织过程始终要带着非工作线，你可以包裹着它来钩编，也可以将它带在织物的后方，在织物的反面保留横渡线。

如何使用本书

本书包含了 150 种配色钩织的提花图案，每个图案都配一块样片展现。我为每一款配色图案都选择了一种特定的针法，但你也可以自由更换成另一种针法。我所使用的 5 种针法，在尺寸和形状上都差不多，只要掌握一定的技巧，就可以根据自己的经验想象使用另一种提花针法会产生的外观和效果。这些图案都是经典的设计模板，可以替换使用，每次钩织换一个新的图案，就可以创造出新的作品。阅读"替换和修改图解"（P140），有助于你使用新的图解来调整自己的作品。

样片

本书中的样片并非等比例呈现，所以列出了每种针法类型的钩织密度（松紧程度）以供参考。钩织密度因人而异（受毛线粗细影响差别也很大），以下是本书中的样片所使用的五种不同的提花针法。所有样片都是用同一种 DK 粗线和 3.75 毫米钩针钩织而成，除了外钩长针的样片，所有样片（背面）都有提花的横渡线。所有的样片都经过蒸汽熨烫定型，且那些有侧边倾斜趋势的样片，也在定型的过程中被拉直（更多信息，请参阅"比较和选择提花针法"P8）。

以下是本书样片中使用的 5 种不同针法的钩织密度：

加长短针：10 厘米 ×10 厘米 =16 针 ×14 圈
中心短针：10 厘米 ×10 厘米 =18 针 ×23 圈
条纹短针：10 厘米 ×10 厘米 =18 针 ×16 圈
外钩长针：10 厘米 ×10 厘米 =5 针 ×16 圈
中心分割加长短针：10 厘米 ×10 厘米 =16 针 ×20 圈

我选择纱线的原则：我希望能使用一款柔软、悬垂性好、有足够的针脚清晰度的线材，这样配色钩织图案会很清晰，但我也希望它有足够的光晕，这样针脚也会形成一个连贯的画面。我还希望它不会松散，也不会掉毛，而且色号要多到数不清。基本上，它是一种既能真正展现钩针配色钩织的特色，又易于使用的线材，它还必须能做成手套、帽子、毛衣或毯子等。很幸运，我找到了！

非常重要

在开始根据色彩配图进行钩针编织之前，你需要考虑很多方面，并且这些方面都是相互关联的。纱线类型、针距、钩针大小和针法图案等都将影响织片的悬垂性，还会影响图案最后呈现的效果。所以，无论从哪个环节开始考虑和设计，你都需要综合考虑所有问题，确保最终能够实现期望的结果（一个让你脸上挂起笑容的项目）。一如既往，试织一个样片是了解特定纱线、针距、针法图案组合后看起来如何的最佳途径。无论你是否喜欢钩织样片，这都是最佳的学习和练习的方式。我不是一个喜欢织样片的人，但是，我为这本书制作了超过 150 个织片。所以你们看，即使是不情愿织样片的我也能做得到！

阅读教程

本书教程使用美国钩织术语，如果你习惯使用英国钩织术语，这里有一个方便的对应表：

中文术语	美国术语	英国术语
短针	Single crochet	Double crochet
中长针	Half double crochet	Half treble crochet
长针	Double crochet	Treble crochet
长长针	Treble crochet	Double treble crochet

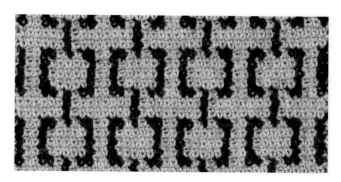

关于定型的温馨提示

好吧，我承认，我不但不喜欢钩织样片，还不喜欢给作品定型。但本书中的任何一个样片任何一件作品我都做了定型。原因是定型对于这种类型的提花针法确实太重要了。定型能使配色钩织的图案会看起来更均匀，针脚更整齐。当从配色钩织过渡到只用一种颜色钩织时，织物松紧会变化，定型有助于你的织物看起来更平整！此外，定型还能增加织物的悬垂感。请一定不要跳过定型这一步——它会带来显著的提升！

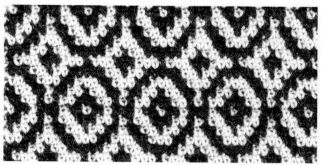

对于羊毛或其他动物纤维：湿定型可以带来最好的定型效果。湿定型时，先将作品充分浸泡在一盆室温的水中，浸透后从水中取出，轻轻挤出多余的水分，但不要扭曲或拧干；把作品铺在一条毛巾上，然后卷起毛巾，拍出尽可能多的水分；展开，再把作品放在另一条干毛巾上，摆成你想要的形状，必要时可以用珠针定型。如果你没有时间等你的作品完全干透，可以省去浸透的环节，用喷壶把作品喷得足够湿，再重复后面的步骤定型。

对于腈纶纤维：对于腈纶线，湿定型的作用不大，这类合成纤维，我建议使用蒸汽定型。你可以使用普通的熨斗，设置成温度最高的档位，然后从大约5厘米远的地方对你的作品进行蒸汽定型（千万不要用熨斗直接接触织物，也要小心不要烫伤自己）。最好先在样片上测试，了解线材定型后的效果，再给作品定型。

本书的150块样片全都经过蒸汽定型，所有作品都经过湿定型。你知道吗？我已经正式转变了——现在几乎所有的织物我都要定型。

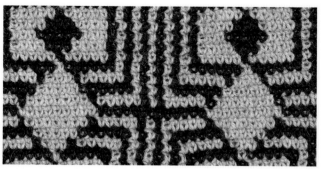

选择纱线

粗细

决定使用哪种粗细的纱线，首先要考虑作品本身的大小。如果你要制作一双配色图案相对多（格子数量多）的手套，你就需要用足够细的线，以免配色图案织出来太大。例如，如果你要基于一份较大的图解制作一双手套，那么你使用的线材就要比基于较小的图解制作的线材细一些。否则图解可能不适合这双手套。请参阅本书的"配色编织作品"部分（P96），了解线材的粗细是如何影响配色钩织图案大小的。

成分

要确定纱线的纤维成分和特性，请考虑作品应该有多大的垂坠性，以及你希望作品具有的特性。

如果你要制作一个篮子、托特包、枕头或其他家居装饰品，垂坠感可能不是关键因素，相反，你更希望你的作品足够硬挺和结实，以保持其形状。如果你要制作的是一条毯子，你可能需要一些垂坠性，但是垂坠性对于毯子来说，不如毛衣重要。如果你钩织的是可以穿的衣服，你需要考虑纱线纤维成分和提花针法对于织物垂坠性的影响。例如，使用高捻度的棉线以一个紧密的密度（松紧）来钩编，可以做成一个可爱的篮子或包包等需要硬挺的织物。然而，同样的棉线很难制作出垂感十足的服装。如果你想用棉线钩编衣服，那么请选择一种较细的纱线（或工艺较松，或链条结构的纱线），并以较松的密度来钩织，以获得一定的垂坠感（参见"比较和选择针法"P8 来选择更有垂坠感的针法）。选择轻盈又垂坠的线钩织衣服，如羊毛和羊驼，是比较安全的选择。由于钩针的针目要远比棒针针目硬挺得多，我发现羊驼线（或羊驼混纺线）是比较容易产生垂坠感强钩钩织物的。这也是我为本书中的150

个样片选择线材时考虑的决定因素之一。

为了更干净的配色，选择一种能填满针目之间空隙的纱线也会有所帮助。

想要将高捻度、更牢固的纱线配色钩织钩得针目均匀，可能会有点难度。如果你使用分割短针（也称为中心短针），避免选择分股线。在这种类型的提花针法中，你需要将钩针穿过每一针中间的紧密位置，所以要选择一个不容易分股的线，比较不容易失败。

如果你打算对你的作品剪开提花（参见"剪开提花，无需担心"P17），可以考虑使用毛纺纱线。这意味着纤维向四面八方分布，更容易互相粘连在一起，这样就不会滑走散开。毛纺纱线更适用于配色钩织，因为它们有粘连性。但也因为它们的弹性，可以填补针目之间的空隙。然而粘连的纱线对敏感皮肤更有刺激性，所以在你决定使用毛纺纱线之前，还要考虑一下作品是否贴身穿着（尤其对于敏感皮肤的人），尽管这种纱线会随着穿着的次数增多变得更柔软、更舒适。我被建议不要使用羊驼线来进行剪开提花，因为羊驼线较光滑（但在实践中我发现，只要对额外加针的地方提前加固，剪开之后也会很牢固）。

颜色

　　作品选择何种颜色完全取决于个人喜好，只要牢记一条原则即可：颜色之间必须有足够的对比度，以使配色图案清晰可见。

　　对比度由两个因素决定：色相和明度。色相是我们学习描述颜色的第一种方式——想想彩虹中的颜色：红色、橙色、黄色、绿色、蓝色、靛蓝、紫色。在色轮上彼此相反的颜色对比度最大——它们被称为互补色。在色轮上彼此相邻的颜色对比度最小——它们被称为类似色。尽管互补色对比度最大，但有时会让我们的眼睛产生视觉错觉——它们似乎会振动，或者产生阴影，让眼睛感到疲劳。这种现象（称为"同时对比"）会使配色钩织不够清晰。解决这个问题的一个方法是使用不同明度的颜色。

　　"明度"是指颜色的深浅程度，就像调配颜料一样。如果将饱和的红色与白色混合，就会得到粉红色，白色加得越多，色调就越浅。如果将同样饱和的红色与黑色混合，就会得到深红色，黑色加得越多，红色就越深。结合颜色的色度和色调可以产生强烈的对比效果。即使是类似色，如果它们的明度不同，也能形成足够的对比。

　　如果你想让配色钩织图案效果更加强烈，你需要对比度非常高的颜色。如果你想要更柔和的效果，选择对比度中等的颜色。例如，在 A 的样片中，我使用了浅绿色和深绿色，形成更柔和的配色，它们的对比足够看清图案，但是不会让你眼前一亮。在 B 的样片中，毛线的对比度不高，尽管他们色相不同，但它们看上去明度相似，因此图案模糊。我用浅灰色的毛线重新织了一遍样片 C，这样对比度更高，画面也更清晰。

　　样片是尝试颜色组合的最佳方法，但在钩织样片之前，请先做两件事：

　　1. 将一根线紧紧缠绕在另一根线上，直到缠绕出一根长约 7.5 厘米的长线（D）！如果你不能清楚地分辨出两种不同的颜色，可能是它们对比度不够。试试饱和的红色和绿色，你会惊奇地发现它们的对比竟然如此浑浊！这就是上文中提到的"同时对比"现象。

　　2. 将毛线团放在一起拍一张照片，然后使用滤镜或应用程序将其更改为黑白照片（E）。如果你在照片中无法很好地区分它们，那表示对比度可能不够。

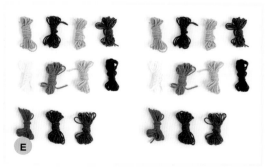

比较和选择针法

对于配色钩织时，钩针爱好者有许多针法可以选择。每种针法都有自己的特点，会影响织物的外观和垂坠感。除非你了解针法的结构对作品外观的影响，否则选择哪一种针法，就像是一个碰运气的游戏。我之所以选择本书中的5种针法，是因为它们都是我做配色钩织时最喜欢的方法，而且每种针法的大小和形状都相似（把每一针目想象成一个"像素"，它有自己特定的形状，而非完美的正方形）。本书中的任何图解都可以使用这5种针法来钩织，但每种针法钩出来的外观都会有所不同。

这是因为每一针目（或每一个"像素"）的形状都不一样，而且大多数针目都不是左右对称的。因此，当你将它们堆叠在一起，形成一个网格时（如配色图解所示），它们就会创造出一种独特的外观。

为了说明这一点，我用6种不同的针法钩织了"砖块"和"和平与爱"图案：

① 短针
② 条纹短针
③ 中心短针
④ 加长短针
⑤ 中心分割加长短针
⑥ 外钩长针

其中，②～⑥的具体钩织方法，见"针法说明"（P12），由于短针是最常见的针法，因此只作为样片对比参考，不再说明钩织方法。

① 短针

这种针法和许多针法一样，会向右偏移（左利手的作品，则向左偏移）。每一针都在比前一行中心微微偏右的位置（左利手则偏向左侧）入针。随着行数的叠加，你会发现每一圈的起点逐渐离第一圈的起点越来越远。随着针目的偏移，配色图案会向一侧倾斜，或在作品周围发生扭曲。如果你想让你的配色图案看起来是垂直对齐的，或者你正在制作一个将要剪开提花的作品（见"剪开提花，无需担心"P17），或者你正在制作一件长方形作品（如踏板围巾P98），你希望它的两条侧边是平行的，那么短针的效果就不会很好。正因为如此，我决定本书的样片合集都不用短针来制作。如果短针是你最喜欢的针法，并不要因此而放弃使用它。如果你不介意图案倾斜（也可能非常漂亮），短针依然是很棒的选择。虽然这种针法并没有在我的样片合集中，我仍然觉得有必要在这里展

示一个短针样本以作比较。

② 条纹短针

条纹短针钩织时只挑短针头部的后侧半针可以减少一些偏移，这也有助于提高向右倾斜的线条的质量（左利手则是向左倾斜）。请对照"和平与爱"的样片（P10），进行比较。在条纹短针样片中，向右连接的线条没有断开，而在短针样片中，这些线条则变成断开的虚线。在条纹短针样片中，未被挑针的前侧半针形成明显的横向效果，会使配色部分的右边缘看起来有点模糊，尤其是那些往上朝左的斜线。在大多数配色钩织图案中，这种模糊效果并不特别明显，但在细节较多的图案中可能会出现问题。只挑后侧半针的条纹短针，会产生最大的垂坠感，并能钩出非常漂亮、轻薄的织物。

③ 中心短针

穿过针目的正中心（从短针根部两根线的"V"形中心入针）来钩织短针，可使针脚一行行垂直对齐，并完全覆盖住顶部的横向线圈。这将让你的织物看上去非常像棒针钩织的平针。因为你的针脚看起来像V字，所以它们是完全对称的，这也会让你的作品看起来是对称的。对于那些精细的配色图解，这是最好的针法选择。然而，由于针脚的宽度大于高度，与其他针法相比，配色图案会"蹲"得比较矮。请看"和平与爱"的样片（P10），其他针法钩出来的和平标记，都显得要比中心短针更长。因为是穿过针目的中心而不是头部来钩织的，钩出的织物会更密实、伸缩性更小。为了抵消这种影响，可以放松钩针的钩织密度，保留横渡线露在背面来钩织可能会有一些帮助，或者换一种自然垂坠感更强的纱线。

④ 加长短针

这种变化版本的短针钩法，将增加针脚高度，但也会让针脚向左侧倾斜（左利手则向右侧倾斜）。这些倾斜的针脚实际上抵消了每圈钩织中自然产生的偏移（短针每圈钩织都会有的一些偏移）。因为斜线的针脚形状可以抵消每针的移位，所以加长短针可以形成完美的垂直对齐。你会注意到，向右（左利手则向左）的斜线会有轻微的缝隙，但相反方向倾斜的线条则非常平滑。因为这种针目的高度大于宽度，所以与

其他针法相比，你的配色图案可能会显得有些拉长。这种针法具有极佳的悬垂感，且比其他大多数针法更有弹性。

❺ 中心分割加长短针

从短针根部两根线的∨字中心入针，钩织加长短针，这样做的好处是可以在精细的图解中形成更干净的配色。这将使针目微微向左偏移（左利手则偏右），然而，这种针法可能会比较费时，因为你需要非常小心地确定钩针的送入位置。如果你的配色图解非常精细，或者您想要比常规的加长短针稍微紧密一些的织物，那么使用分割加长短针是值得的。但如果你不确定使用哪种针法，我建议你先用加长短针钩一块样片，然后再决定是否使用分割加长短针的版本。值得注意的是，你可以将这两种加长短针结合起来使用，从而获得两全其美的效果。例如，在"磁带"样片（P37）中，我只在第11和第12圈使用了中心分割加长短针，样片的其余部分都是用加长短针完成的。这是因为我第一次钩织时，整块样片都是使用加长短针钩织，而第11和第12圈的小细节看起来让我很不满意。

❻ 外钩长针

挑起在每一针的针柱来钩织，自然可以防止针目偏移。这也意味着织物上会有贯穿整个作品的垂直脊线，这些脊线位于织物顶部，使织物变得非常厚实。由于你不是挑取针目的头部来钩织，所以没法包裹住那些非工作线。钩织的时候那些非工作线只能横着渡在织物的背面。这些横线被称为"渡线"，通常只在棒针钩织的提花图案中出现（见"裹线和渡线"P15、P16）。因为渡线的存在，这种提花针法最好用于那些只能见到正面的作品。这种配色图案看起来非常干净，哪怕是精细的图解也能呈现得很好。每一针的长度和高度相等，是完美的小方格像素。

"砖块"图案仅使用水平线条和垂直线条，因此是配色图案的很好样本。请看下面的样片，进行视觉对比。

❶ 短针

❷ 条纹短针

❸ 中心短针

❹ 加长短针

❺ 中心分割加长短针

❻ 外钩长针

"和平与爱"图案展示了斜向的线条，以及一些精细的圆形图案。请看下面的样片，进行视觉对比。

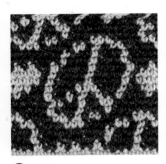

❶ 短针

❷ 条纹短针

❸ 中心短针

❹ 加长短针

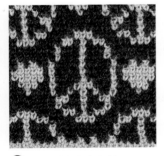

❺ 中心分割加长短针

❻ 外钩长针

为什么有些提花针法会出现断线？

下面是一个简化的针迹组合图，用来说明为什么有些方向的斜线看起来是断开的，而相反方向的斜线却是连续的。

右利手钩编的条纹短针 / 左利手钩编的加长短针

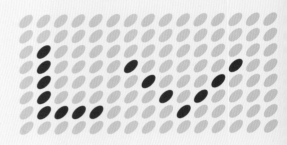

右利手钩编的加长短针 / 左利手钩编的条纹短针

以下表格总结了6种针法的特点，便于参考：

使用针法	此针法是否会偏移	垂坠特点	配色清晰度	其他考虑因素	适合作品类型
❶ 短针	会，向右偏移（左利手则向左）	悬垂性中等，织物厚度中等	向右倾斜的斜线会有空隙，很难看清更精细的细节	这种针法适合小密度钩织，形成密实、硬挺的织物	使用两种以上配色钩织包袋、篮子、枕头等提花作品
❷ 条纹短针	有少许偏移，向右偏移（左利手则向左）。可通过定型解决偏移的问题	具有最大的悬垂性，织物更薄	明显的横向线条，可能会模糊图案的右边缘，精细的细节难以看清，尤其是向左的斜线（对于左利手是则是向右）	这种针法一旦出错，之后就很难修改	毛衣、连指手套、帽子和其他需要更多悬垂感的作品
❸ 中心短针	微乎其微的偏移向左（左利手则向右），可以通过定型轻松地消除偏移	悬垂性较差，但是记住，悬垂性可以通过换粗号钩针或选择合适的毛线来改善	配色图案非常清晰，因为每一个针目都是左右对称的。针目的高度小于宽度，因此与其他针法相比，配色图案会更扁	它看起来最像棒针提花，因此很容易将棒针提花图解转化为钩针提花，并知道它看起来会是什么样子，如果钩短了，也可以通过平针绣的方法来遮挡错误	篮子、包袋、室内鞋、连指手套，适合硬挺密实的织物，也适合那些使用精细的配色图解的作品
❹ 加长短针	无偏移	具有最大的悬垂性，织物更薄，并具有一定的弹性	向右的斜线（左利手则是向左的斜线）有轻微的空隙，对于精细的图案可能会难以看清，但总体上相当清晰	针法简单（不像中心分割加长短针钩起来那么麻烦），但配色图案几乎一样清晰。错误容易修正。悬垂性好（不会卷曲）	毛衣、帽子、连指手套、袜子、围巾、毯子、枕头等，这是一种常用的方法，适合于任何对垂坠感有要求的作品。用在剪开提花或长方形的作品也绝佳，因为不会倾斜
❺ 中心分割加长短针	微微向左偏移（左利手则向右）。可通过定型解决偏移的问题	悬垂性中等，织物厚度中等	配色图案非常清晰。针目的高度大于宽度，与其他针法相比，提花图案会被拉长	错误容易修正。配色图案像中心短针一样清晰，但悬垂感更强	毛衣、连指手套、室内鞋、围巾、毯子、枕头。适合任何要求配色图案精细的作品
❻ 外钩长针	微乎其微的偏移向左（左利手则向右）。可以通过定型轻松地消除偏移	悬垂性中等，质地非常厚实，弹性适中	配色图案非常清晰，有极佳的双边对称性。针目的长度和宽度相似	钩织时会在作品的背面露出横渡线（没法隐藏）。织物的上下边缘容易向右侧卷曲	连指手套、帽子、室内鞋、枕头。适合织地厚实，且需要一定拉伸性和弹性的作品

针法说明

假如你已经掌握了基本的钩织方法，以下是标准短针和长针的简要说明，供参考。

短针：将钩针送入针目头部，挂线，从针目或空档拉出，挂线，从钩针上的 2 个线圈中拉出。

长针：挂线，将钩针送入针目头部，挂线，从针目拉出，挂线，从钩针上的前 2 个线圈中拉出，挂线，再从钩针现有 2 个线圈中拉出。

以下是本书使用的 5 种提花针法的详细说明。

提示：除了外钩长针外，其他提花针法都是覆盖在非工作线上方来钩织的（将其包裹起来，或称"裹线"）。

条纹短针（A～D）

第 1 圈以常规的短针钩织。第 2 圈开始按照条纹短针钩织。箭头方向（A）提示钩针往针目的后侧半针入针。送入钩针，挂线（B）并拉出一个线圈（C），挂线，从钩针上的 2 个线圈一起拉出（D）。

中心短针（E～H）

第 1 圈以常规的短针钩织。第 2 圈开始按照中心短针钩织。箭头方向（E）提示钩针往针目的 2 "腿"（线）中间（构成短针针柱的 "V" 形的正中间）入针。送入钩针，挂线（F）并拉出一个线圈（G），挂线，从钩针上的 2 个线圈中拉出（H）。

加长短针（I～L）

将钩针送入针目头部（常规位置），挂线（I），拉出 1 个线圈，挂线（J），仅从钩针上的第 1 个线圈拉出，挂线（K），再从钩针上现有的 2 个线圈中拉出（L）。

钩针编织配色图典　现代提花图案150例

中心分割加长短针（A~D）

　　第1圈以加长短针钩织（见加长短针）。第2圈开始按照中心分割加长短针钩织。它与加长短针的方法几乎一样，但是钩针要入针在针目的2"腿"（线）之间（构成短针针柱"V"形正中间）。针柱的前方由两个"V"形构成，两者正好上下堆叠在一起。将钩针对准顶部的"V"形中间，位置如箭头方向（注意钩针还未推入）（A）。在织物的反面（B），有一条横线，正好位于顶部的"＞"形（注意是指通常入针的"＞"形，而非构成短针针柱的"V"形）下方。将钩针推入针目中间，并确保它从那根横线的下方的针目（反面）穿出。

　　然后就像钩常规的加长短针一样钩织：往针目的2"腿"（线）之间（构成短针针柱"V"形正中间）入针，挂线，拉出线圈，挂线（C），先从钩针的第1个线圈拉出，挂线，再从钩针上的2个线圈中拉出（D）。

外钩长针（E~H）

　　第1圈以常规的短针钩织。第2圈开始按照外钩织短针钩织。挂线，将钩针从前往后再往前，绕着下一针的针柱（右利手从右往左入针，左利手从左往右入针）。箭头方向提示了钩针的入针位置（E）。挂线，从针柱的后方往前带出一个线圈（F），挂线，从前2个线圈中拉出，挂线（G），从最后2个线圈中拉出（H）。

根据图解钩织

根据图解钩织时，阅读方向始终从右向左，从图解的底部开始，每钩完一圈便向上移动一行。（如果你是左利手的钩针钩织者，请看下文的提示。）图解中的每个方格子都代表对应颜色的1针。如果是用引拔针连接的环形钩织，起立针要当成1针，那么图解中的第1针可以代表这个起立针。本书中所有的作品都是在不做连接的前提下进行环形钩编的，因此每个方格都代表1针。

使用便利帖遮挡未钩织的行，方便你跟踪自己的位置，如果你经常作配色钩织，可以考虑购买图解跟踪器：把纸质版的图解放在磁力板上，再用另一块磁铁覆盖上面的线条，帮你跟踪钩织的位置。这看似是一笔额外的

开销，但如果能在配色钩织中少犯错误，那就非常值得。

如何使用两种颜色钩织

在开始使用两种颜色钩织之前，你必须决定，非工作线要不要包裹在针目中（A、B），或者保留长长的横渡线露在织物的背面（C、D）。两种风格都会影响你的织物的外观和手感。

你要决定：裹线还是渡线？

注意：如果你采用的针法是外钩长针，你就不能裹线钩织，因为你不是沿着针目的上边缘（头部）来挑针，而是绕着针目针柱（根部）来挑针的。这意味着你别无选择，钩织时只能让横渡线露在背面。

裹线钩织

如果你选择钩织的过程包裹住非工作线，那么钩出来的织物正反都能用（A、B）。如果你要做一条正反两面都会露出来的围巾或毯子，这一点就特别好。你也不用担心戴手套的时候手指会挂到渡线，因为渡线不存在。钩织的过程可以轻松地管理毛线——你不需要操心长渡线缠绕的事。如果你同时使用两种以上的颜色，这一点尤其有用。虽然这本书是为双色设计而写的，但你也可以在每一圈中使用两种以上的颜色，只需要将所有非工作线包裹在一起即可。裹线钩织可以增加作品的稳定性和结构性，尤其是当以较小的密度钩织时。如果你要制作篮子、包袋或任何需要额外支撑的作品，这一点会非常有用。然而，裹线钩织可能会造成一些渗色，如针脚之间有一点点非工作线的颜色露出来时。要避免这种情况，可以用更紧的密度钩织，或选择更蓬

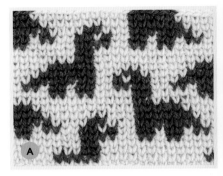

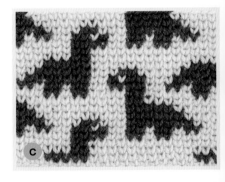

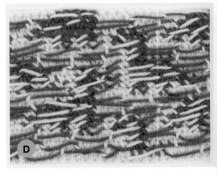

松的毛线。少量的渗色并不会十分明显，为了获得更好的垂坠感，这可能是必要的。

给左利手的提示：

如果你的自然钩织方向为从左向右，那么你钩出来的作品跟右利手的作品是镜像对称的。大多数的钩针针目都不是左右对称的，如果你从左到右钩织图解，可能会出现问题，因此，左利手的钩针编织者，最好将图解水平翻转复印，或者通过镜子来阅读图解。换句话说，将图解水平翻转，从左到右钩织，钩出来的作品与右利手钩织的作品正好相反。这个方法适用于大多数设计，但对于字母或数字等无法翻转的图案，你需要选择一种更具有双边对称性的提花针法，比如外钩长针或中心短针。当你阅读了"比较和选择针法"（P8）这一节后，针法的选择将变得更加清晰。可以选择将图解图案水平翻转，然后从左到右钩织，使之成为一个精确的镜像图案；或者选择保持图解原样，从左到右钩编，最终可能会呈现出略微不同的效果，尤其是在有斜线或精细的图案上。

如何裹线钩织

换色钩织时，不要打结或断线，而是将不用的颜色放在一行的顶部，包裹着非工作线来钩织，藏在针目的中间（E）。钩织的过程，确保裹线不会限制针脚。换色后，每钩几针就拉一下裹线的末端，以确保不会太松，然后再拉一下织物，以确保它不会太紧。当你需要更换颜色时，放下工作线，拿起裹线。**在换色之前，一定要在最后一针以新的颜色完成最后一个挂线的动作。**这一点非常重要——如果你不在此位置换上新线，你的颜色就会渗入下一针。因为最后一针的"挂线拉出"动作，实际上形成的是下一针的头部。

如果一整圈都不需要换色，可以选择把非工作线包裹起来钩织，也可以放着它，直到下一圈再带上来。继续包裹非工作线来钩织，有助于维持钩织密度和垂坠感。然而，请记住作品只有在裹线有伸展空间的前提才能伸展——请额外注意这几圈不会限制针脚。可以选择放下非工作线，让织物有更大的伸展性，但这种方法只能偶尔进行一圈，而不能持续很多圈，因为这可能会使钩织密度不一致（通常会更宽）。

始终将主色放到反面，配色放到前面。反之亦然——保持纹理即可，以避免毛线缠乱。

引拔连接：在圈末最后一针的最后一个挂线动作时，使用与这一圈第1针匹配的颜色。用相同颜色做引拔连接。

如果起立针不计为1针：起立针应与每一圈的第1针颜色相同。如果下一圈第1针的颜色与完成终点引拔时钩针上的线圈颜色不同，使用新颜色挂线，拉紧旧颜色的线尾，直到旧颜色的最后一个线圈消失，钩织起立针，然后钩织第1针（就在引拔的位置）。

渡线钩织

这样做的主要优势是几乎不会有任何渗色。另一个好处是，织物的悬垂性和伸展性会更好一些（织物的伸展性由渡线的伸展性决定）。如果提花图案中，一行中的任何一个颜色都不超过4针，那么不用操心对渡线夹绕的事。它们的长度不足以造成问题，比如卡住手指。如果超过4针，为避免作品背面出现长长的渡线，可在以下两种方法（择其一）：

1. 每隔4针左右，在当前的针目下夹绕渡线（F，上半部）。这意味着，要把非工作线放在一行的顶端，然后裹线钩织，注意每4针左右（相同的连续颜色）才做一次。

2. 每隔4~5针，定期将2根线相互交绕（完整地绕一圈）（F，下半部）。每次绕线时，都要交换上一次拧转的方向，以免毛线缠乱。

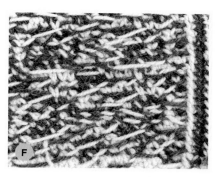

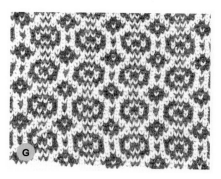

注意：以上两种方法的背面（F）和正面（G）上看起来几乎完全相同——选择哪一种方法，取决你的技巧偏好。

如何渡线钩织

换色钩织时，不要打结或断线，而是将不用的颜色放在织物的反面。如果一行中不用的颜色超过4针，将两根线相互交绕（完整地绕一圈），以在反面夹住渡线。这个动作可以在两针之间进行，也可以在未完成针的状态（一针钩了一半）进行。对于本书中的大多数提花针法来说，在两针之间作绕线即可。提花针法为外钩长针时，最好在未完成针的状态下绕线，方法如下：

挂线，钩针挑起针柱，挂线拉出一个线圈，挂线，从钩针的前2个线圈拉出，将两根线交绕，挂线（H），从余下的2个线圈拉出。（I）展示了在外钩长针的未完成针状态下，从反面对渡线进行夹绕。

另一种方法，每隔几针就包裹住不使用的颜色来钩织——相当于裹线钩织，但在这种情况下，每隔4针才夹住（裹住）1针。过长的渡线很容易挂在手指上或被卡住，因此我们要避免露得太长。

钩织的过程中，确保渡线不会限制钩织的针脚。如果这次朝此方向交绕毛线，那么下次就朝相反的方向交绕。这样可以避免毛线缠乱。当需要更换颜色时，放下工作线，拿起一直陪伴的另一根线（渡线）。**在换色之前，一定要在最后一针以新的颜色完成最后一个挂线的动作。**这一点非常重要，如果你不在此位置换上新线，你的颜色就会"渗"入下一针。因为最后一针的"挂线拉出"的动作，实际上形成的是下一针的头部。

如果一整圈都不需要换色，你就不用带着非工作线钩织一圈了。

始终将主色放到反面，配色放到前面。反之亦然，保持纹理即可，以避免毛线缠乱。

引拔连接：在一圈最后一针的最后一个挂线动作时，使用与该圈第1针匹配的颜色，用相同颜色做引拔连接。

如果起立针不计为1针：起立针应与每一圈的第1针颜色相同。如果下一圈第1针的颜色，与完成终点引拔时钩针上的线圈颜色不同，使用新颜色挂线，拉紧旧颜色的线尾，直到旧颜色的最后一个线圈消失，钩织起立针，然后钩织第1针（就在引拔的位置）。

剪开提花时（P17）：如果使用的是外钩长针以外的提花针法，建议在额外加针处，包裹着非工作线钩织，这样毛线不易滑脱。这只是一个额外的预防措施，并不是绝对必要的方法，因为也可以通过加固措施让针脚固定在原位。

关于带线的提示：由于钩针的动作比棒针复杂，想要同时带着2根线来钩织，会比钩织棒针提花时困难得多。裹线钩织的话，又增加了一层难度，因为这根线需要维持在一行的上边缘。这并不是说这件事无法办到——我确实在网上见过有人同时带着2根线钩织的视频，但我们中的大多数人（包括我自己），如果手不够灵活的话，一次只带1根线会更顺利。放下旧颜色再拿起新颜色来钩织的动作虽然更费时间，但随着经验的积累，速度会越来越快。

样片

这种类型的配色钩织，样片需要以环形钩织的形式来要钩织。有两种方法：可以将10厘米所需的针数增加一倍，然后以筒状钩编，压平后就是10厘米宽；或者做一个可以剪开的样片，这样你的样片就可以平放测量了。除非你担心作品的毛线不够，或者不舍得剪开样片，不然我建议你采用后一种方法。如果采用额外加针的方法，可以很清晰地看见剪开的位置（请阅读"剪开提花，无需担心"P17）。而且，如果用额外加针的方法来钩织样片，在剪开提花之前，可以随时拆掉样片，把毛线循环使用。

剪开提花，无需担心

剪开提花，不仅是棒针钩织的专利。什么是剪开提花？比方说，你正在织一件带有提花育克的毛衣，但你想把它改成前片有纽扣的开衫。育克是环形钩织的，那你该怎么办呢？你可以先用钩针进行环形圈钩，然后将前片剪开形成开口。是的，也许你觉得不可置信，但棒针钩织时经常这么做，钩针钩织也可以！

无须担心，请听我说，在指定的剪开区域的前几针和后几针，有3种方式可以对这些针目进行加固。这些经过加固的针目会形成一个缝份，防止作品开线，并形成一个漂亮的保护边，翻折到你作品的内侧。

我将在一个样片上为你展示这个做法。它适用于本书提到的5种针法，无论裹线钩织（优先推荐），还是渡线钩织。不过，如果是渡线钩织，建议在剪开提花的前后几针处改成裹线钩织。这将减少毛线滑脱的可能。这只是一个额外的预防措施，并不是绝对必要的方法，因为也可以通过加固措施让针脚固定在原位。由于外钩长针无法裹线钩织，因此在剪开由外钩长针构成的提花之前，一定要对剪开提花处进行加固措施。

剪开提花的样片说明

使用主色线，按样片的标准密度针数起锁针，再加9针（其中1针作为准备行的翻面锁针，一圈的起点和终点各3针额外加针，两端各一针，将样片沿额外加针处分开）。为了清楚起见，额外加针的区域，一圈起点和终点处为主色，然后是配色，然后是主色。

准备行： 从钩针往回数第2个锁针开始，在锁针的底部入针，接下来的3个锁针各钩1针，1针锁针，跳过下一针锁针，从每个锁针钩1针，直到余4针，1针锁针，跳过下一针锁针，接下来的2个锁针各钩1针，在最后一个锁针钩1针，在最后一个挂线的动作加入配色（换句话说，将主色和配色合在一起来挂线），继续将两根线并在一起，2针锁针，放下配色，只用主色钩1针锁针。不用翻面，不用连接（A）。

第1圈： 从准备行的钩织起点与最后一个锁针放在一起，准备连成环形钩织。小心不要拧转织物。从准备行的第1针开始，[使用主色钩1针（最后1个挂线动作换成配色），使用配色钩1针（最后1个挂线动作换成主色），使用主色钩1针（如果图解的第1针是配色，最后一个挂线动作要换色），1针锁针（B），按图解钩织一行，直到下一个锁针空档（锁针空档前的最后一针的最后一个挂线动作使用主色），1锁针（主色），使用主色钩1针（最后一个挂线动作换成配色），使用配色钩1针（最后一个挂线动作换成主色），使用主色钩下一针（最后一个挂线动作使用主色和配色合股），2针锁针（主色和配色合股），放下配色线，1针锁针（主色）（图C）。

其他每圈重复［ ］的部分，最后一圈结束于第1个锁针（主色和配色合股）之后。

打结（D）。

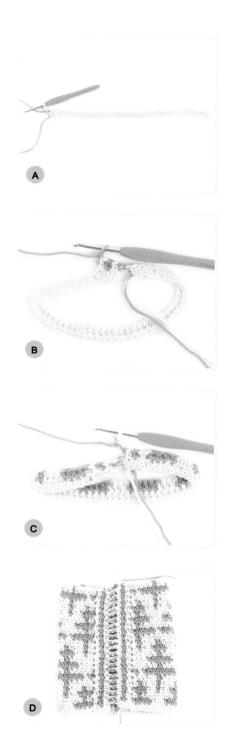

加固额外加针

可使用以下 3 个方法之一加固额外加针。为了达到最佳效果，在剪开提花之前先加固额外加针。如果需要先剪开提花，然后再加固，也是可以的！只要在加固完成之前小心处理剪开提花的地方即可。

方法 1：使用缝纫机加固（或用针线手缝加固）

用缝纫机从锁针空档左右两列的针目中间进行车线。如果没有缝纫机，也可以使用缝针和线来手工加固，走线要足够细密，确保每一个钩针针目都被缝到。为了达到最佳效果，使用之字形针迹，尽量同时缝到两列。例如，在图 E 中，剪开位置的左右两侧，都有两行机器缝制的线迹。每一行都在主色和配色之间来回作"之"字形的针迹固定。这将使额外加针非常安全。

E

方法 2：沿着额外加针的纵列钩织引拔针（或引拔针与锁针的结合）

每边的额外加针，分别至少钩 2 列引拔针。深粉色的线穿过额外加针的配色部分，浅粉色的线穿过靠近 3 锁针空档的主色部分（F）。要做到这一点，在你的钩针上挂 1 个滑结，[将钩针（从正面到反面）穿过额外加针区域的边针，挂线并拉出 1 个线圈，继续挂线，从钩针上的线圈拉出]，重复 [ ] 的部分，沿着额外加针的一整列钩织引拔针。尽量将钩针送入每针的中间，而非针目与针目之间的位置。如果当引拔针钩起来太紧时，结合锁针的方法会比较好，注意不要让织物过于紧缩。

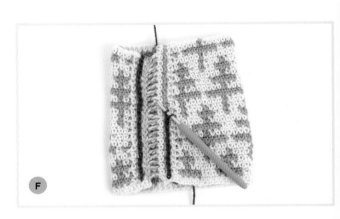

F

方法 3：使用羊毛毡戳笔

毫无疑问，这是我最喜欢的方法，因为它非常简单，而且万无一失，不过前提是使用的是羊毛或其他会毡化的动物纤维。使用羊毛毡戳笔轻轻地将额外加针处毡化，让它们无法散开。要做到这一点，只需将反复地戳笔刺入额外加针处，直到针目无法再相互分离（G）。试一下针目能否拉开（一旦毡化，就不可能再分开了），无法拉开那你就完成了。通常，这并不需要从正面上看起来非常毡化。

G

加固后，你就可以直接从锁针空档那一列的中心剪开了（H）！

H

添加门襟边

　　如果要沿着额外加针的边缘添加门襟边或装饰边，可以在额外加针前后的第 1 个锁针空档的内侧或下方入针。这将有助于将 3 列针目折叠至作品的反面。只需将作品旋转 90 度，然后在这些锁针空档处钩织短针（或其他针法）即可（I）。

　　可能需要尝试使用不同粗细的钩针，或者在这条边上挑取不同的针数，直到边缘平整。如果边缘起皱，说明挑取的针数太多或者钩针太粗。如果装饰边需要让织物起皱，那么需要挑取更多的针数或更粗的钩针。如果每行挑取 1 针会让织物太紧缩，可以调整为隔 1 个锁针空档的位置挑 2 针（其中 1 针在锁针空档处挑针）。

　　荒地开衫就是使用了剪开提花再挑针的技巧。尽管门襟是分开钩编的，也是先沿着剪开提花的锁针空档挑针钩织短针，再将门襟与这行短针缝合。这使边缘看上去非常平整（J）。

　　可以在剪开提花的背面用手工缝制（或机器缝制）一条罗纹带，将缝边隐藏起来（K）。

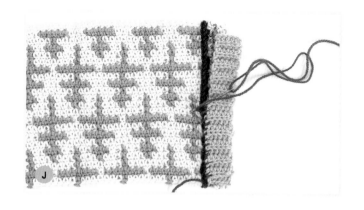

配色编织图案

　　从大脚怪到欧普艺术，本合集包括具象的、抽象的、客观的、非客观的等多样配色钩织图案设计。这些画面的灵感来源于大自然、流行元素、美术或奇特的想象。

加长短针样片
莫莉的壁纸（Molly's Wallpaper）

小窍门

　　加长短针是我常用的提花针法，它非常容易操作，钩出的织物垂感极佳！

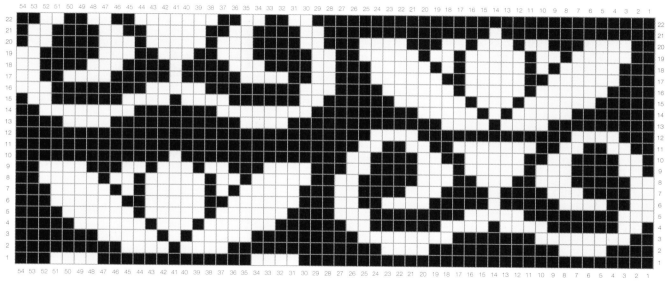

森林（Forest）

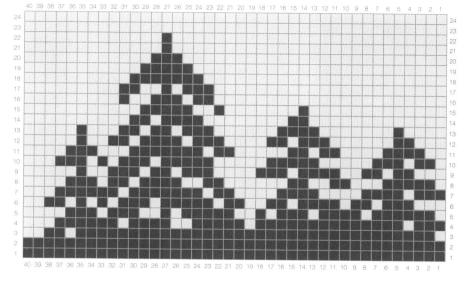

刺青（Tattoo）

伊斯坦布尔（Istanbul）

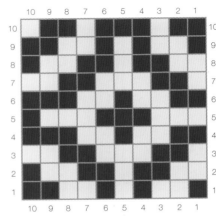

日本拉面（Ramen）

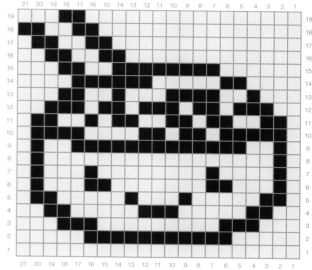

意识（Awareness）

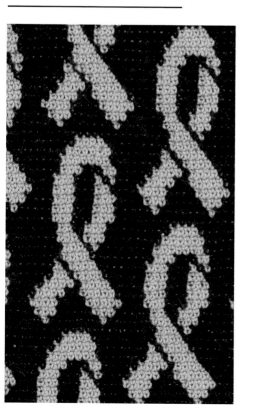

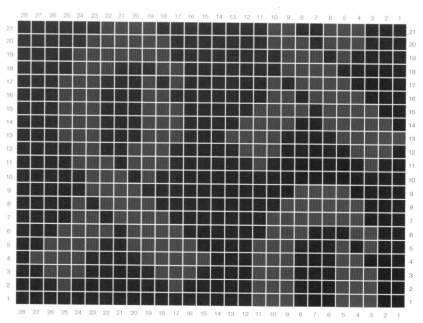

串珠窗帘（Beaded Curtain）

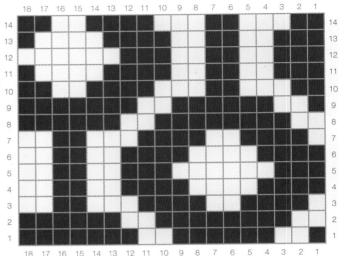

大五角星（Big Star）

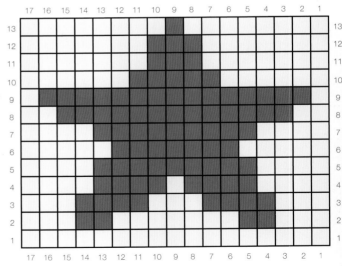

钩针编织配色图典　现代提花图案150例

野牛（Bison）

小窍门

我们都会犯错！如果纱线缠结在一起，可以剪断其中一股（甚至两股）来帮助解开。是的，你会多出两个线尾要藏，但这往往比解开一团打结的毛线更快。

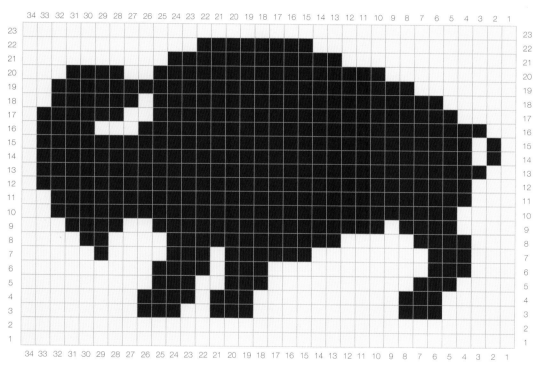

连锁方块（Chained Squares）

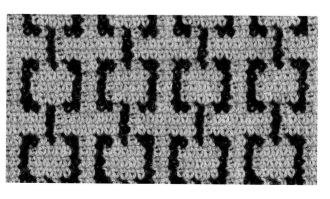

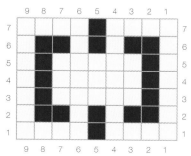

断线（Broken Lines）

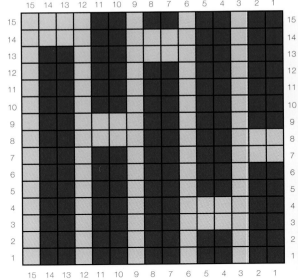

麻花（Cable）

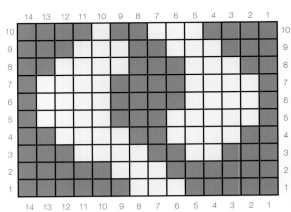

钩针编织配色图典、现代提花图案150例

宽格子格纹（Buffalo Plaid）

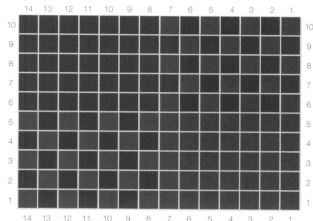

头戴式耳机（Headphones）

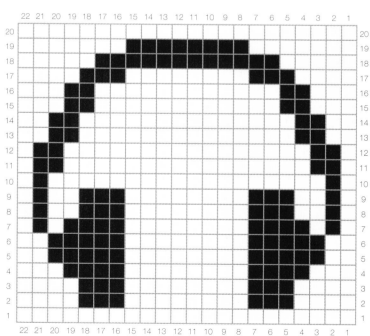

圆点方格（Circles or Squares）

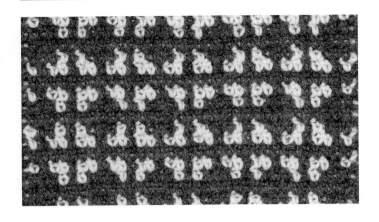

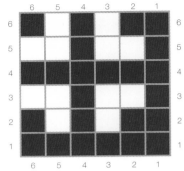

钻石山（Diamond Mountain）

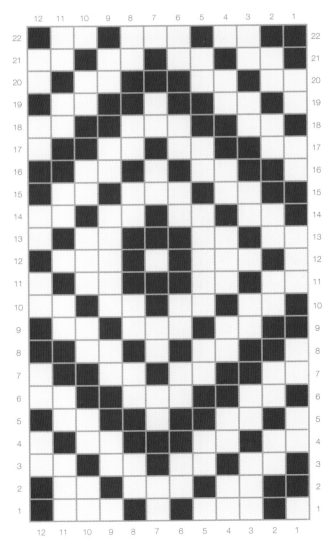

钩针编织配色图典　现代提花图案 150 例

装饰（Deco）

小窍门

如果你想在配色钩织设计中偶尔添加第 3 种颜色，在加长短针（或中心短针）的背景上使用平针绣是一个简单且效果很好的做法。平针绣的相关说明请参阅 P138。

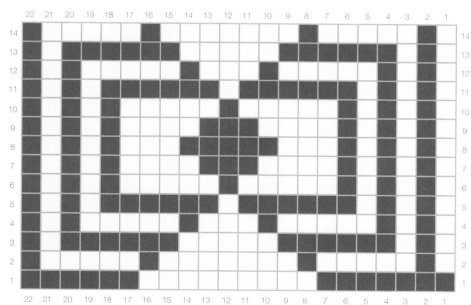

犬齿（Dogtooth）

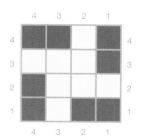

交叉苹果酱（Crisscross Applesauce）

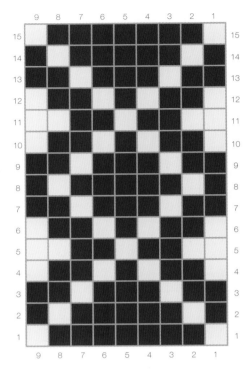

纸杯蛋糕（Cupcakes）

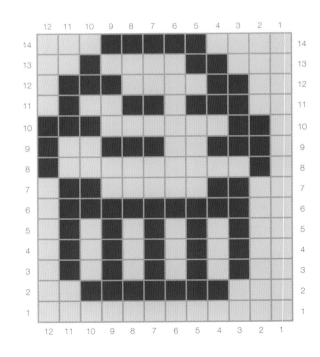

钩针编织配色图典：现代提花图案150例

热狗（Hot Diggity Dog）　　埃舍尔立方体（Escher Cubes）

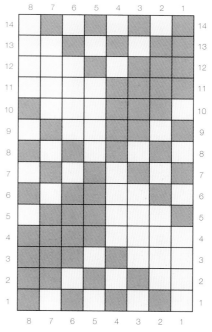

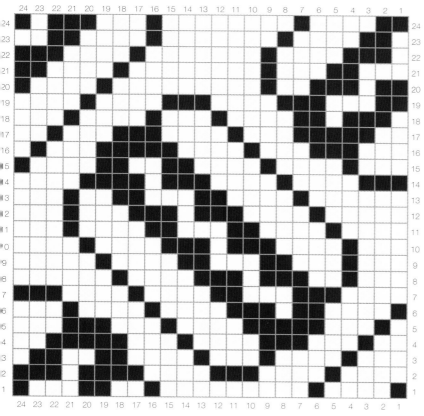

加长短针样片

十字回纹（Fintan）

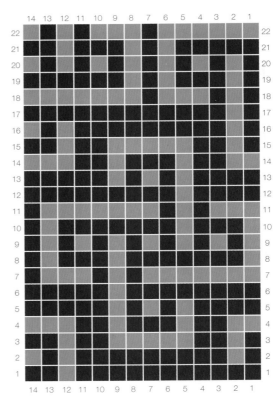

女孩的好朋友（Girl's Best Friend）

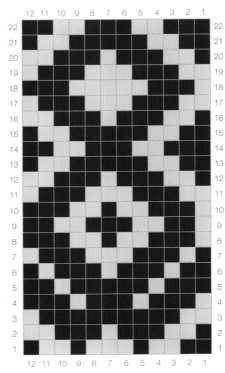

甜甜圈（Donuts）

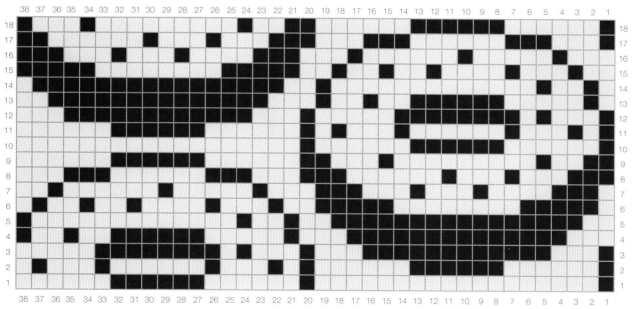

田字格（Checkerdot）

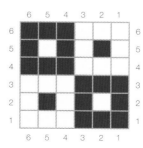

狼嚎（Howl）

振动（Vibrations）

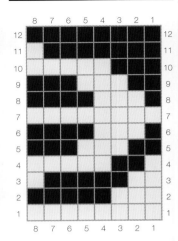

钩针编织配色图典　现代提花图案 150 例

松果（Pinecones）

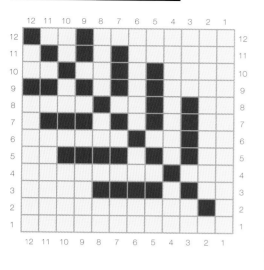

印度宫殿（India Palace）

豹纹（Leopard Print）

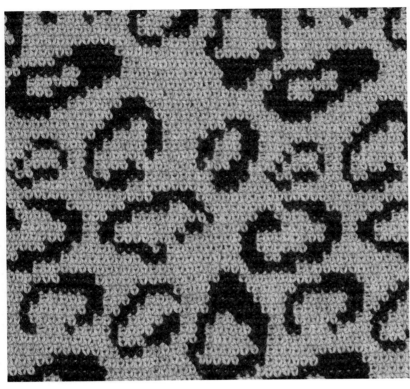

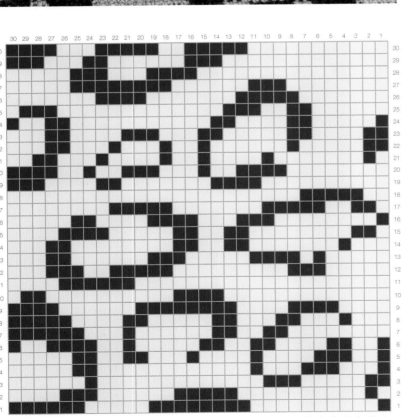

盘旋（Loop de Loop）

磁带（Mix Tape）

经纬交织（Open Weave）

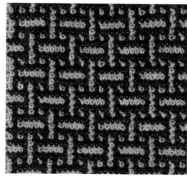

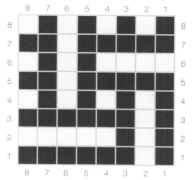

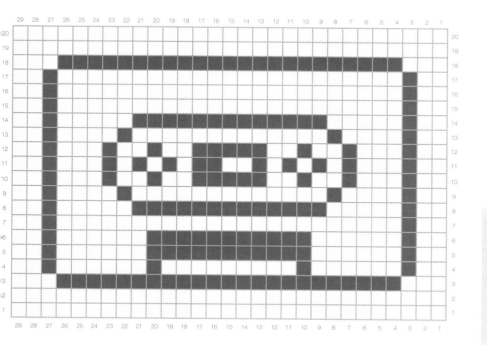

小窍门

在磁带样片上，第11～12圈用中心分割加长短针钩织，其余圈用加长短针完成。

玻璃杯（Pint Glass）

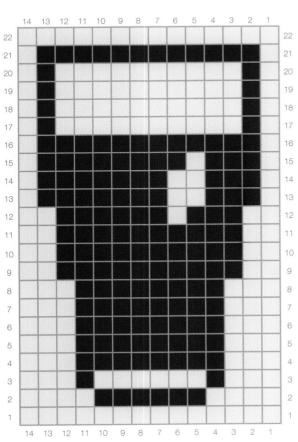

单头玫瑰（Single Rose）

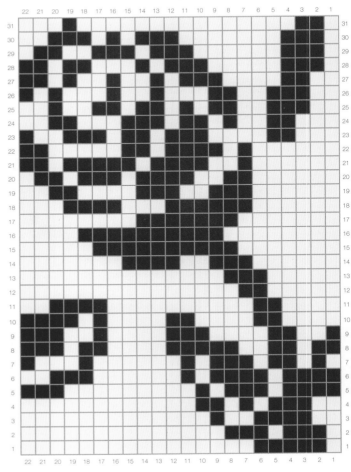

有情绪的小猫咪（Kitties with Feelings）

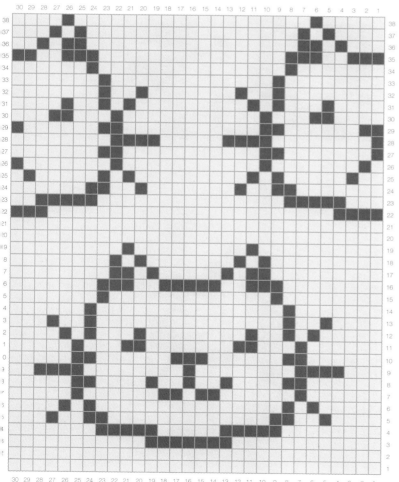

踏板（Tread）

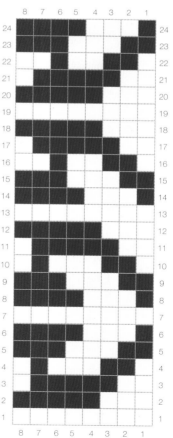

蜂王（Queen Bee）

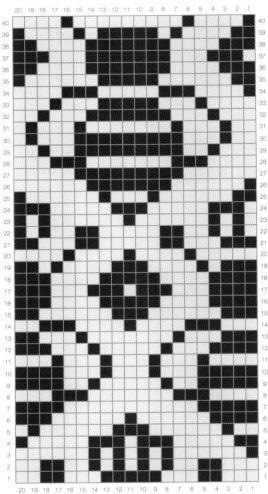

冰淇淋（Soft Serve）

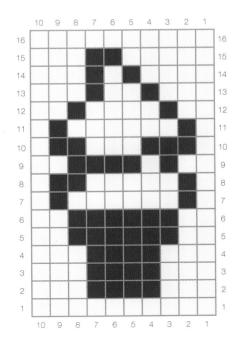

钩针编织配色图典　现代提花图案 150 例

雨天（Rainy Day）

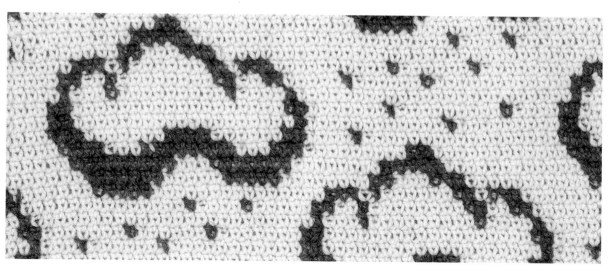

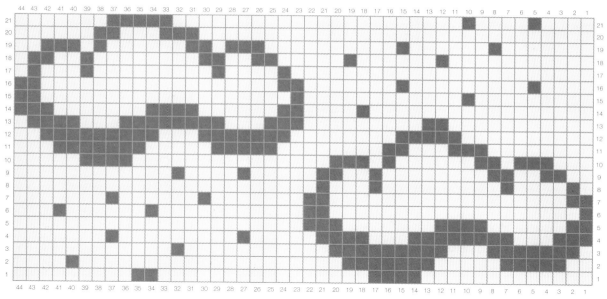

航海（Nautical）

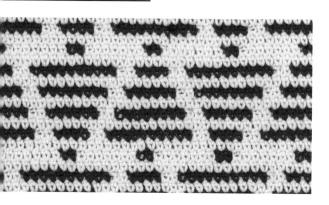

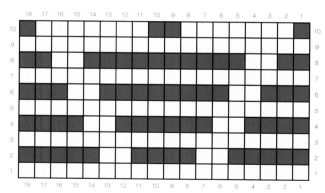

羽毛（Light as a Feather）

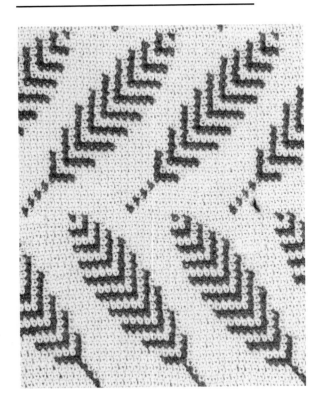

散落的钻石（Scattered Diamonds）

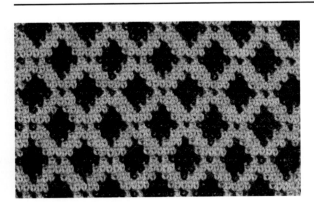

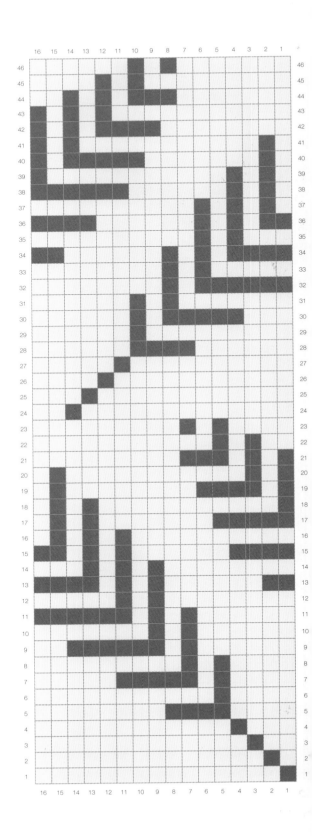

大剪刀（Runs with Scissors）

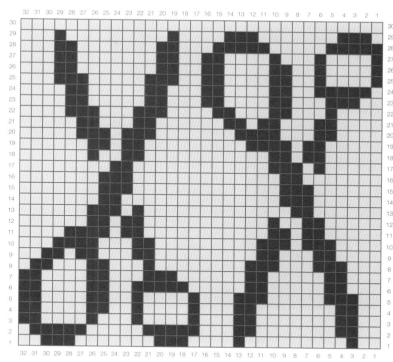

索拉诺（Solano）

间隔菱形（Spaced Diamonds）

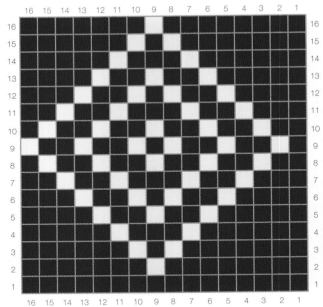

回字纹（Peking）

钩针编织配色图典 现代提花图案150例

电视机（T.V.）

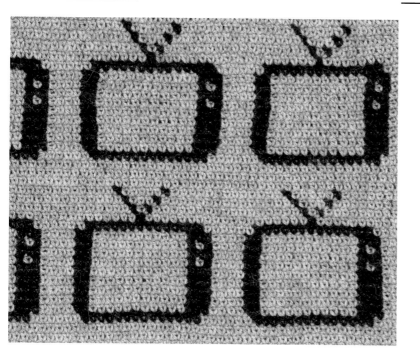

条状羽毛（Striped Feathers）

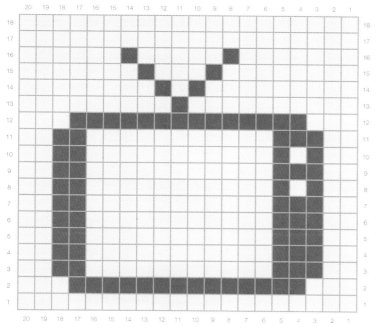

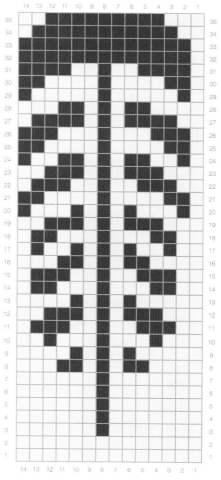

燕子（Swallows） 　　　　　　　　不平整的地板（Uneven Floor）

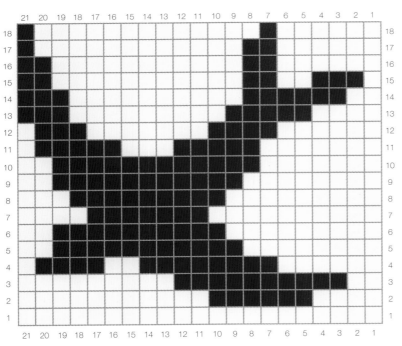

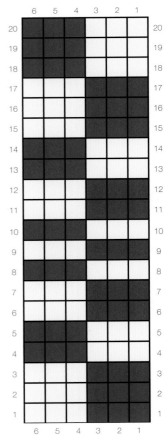

钩针编织配色图典　现代提花图案150例

特斯拉线圈（Tesla Coil）

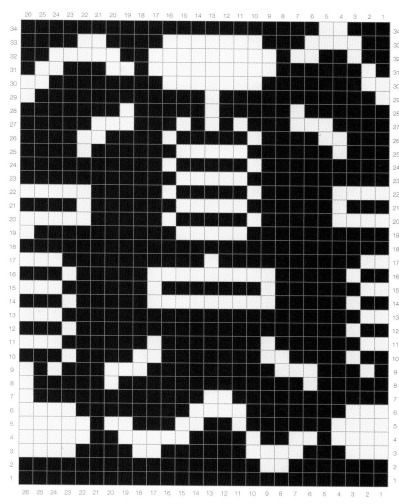

方块纹（Square Stripes）

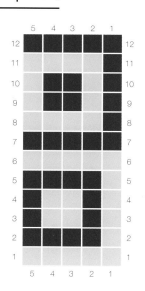

小窍门

　　如果你需要有整齐直角的图案，方块纹非常适合！

冰柱（Icicles）

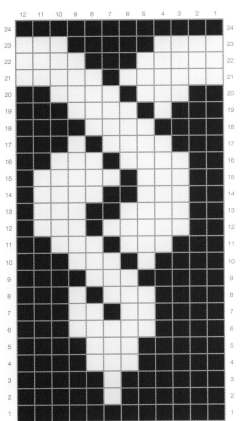

麦浪（Waves of Grain）

钩针编织配色图典 现代提花图案 150 例

中心短针样片

山脉（Great Divide）

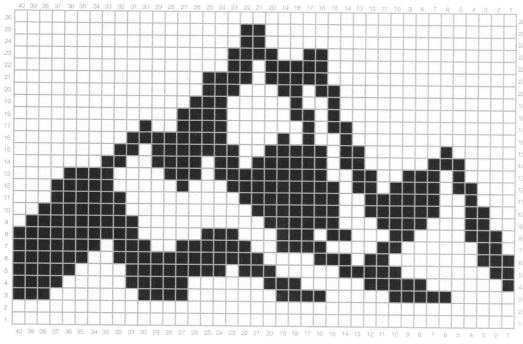

电话机（Call Me）

眼镜（Make a Spectacle）

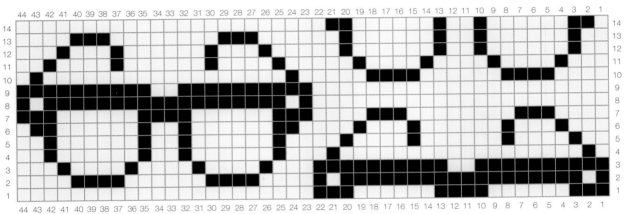

小窍门

由于中心短针看上去非常像棒针，如果利用这种针法来钩织棒针的配色图解，结果是可预测的。

糖果（Bonbon）

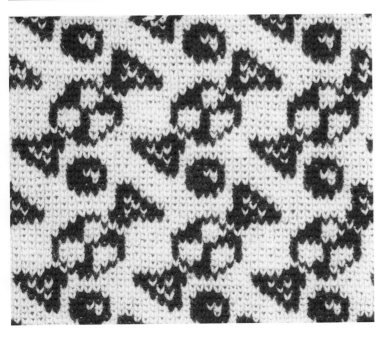

隐藏的圆圈（Hidden Circles）

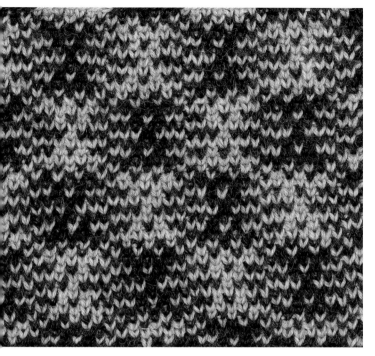

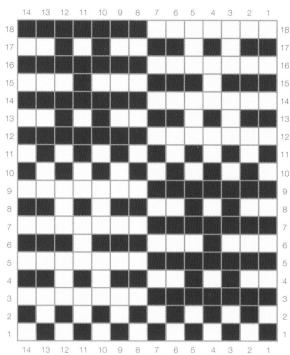

阶段（Phases）

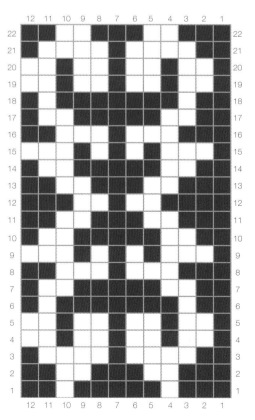

地毯（Carpeted）

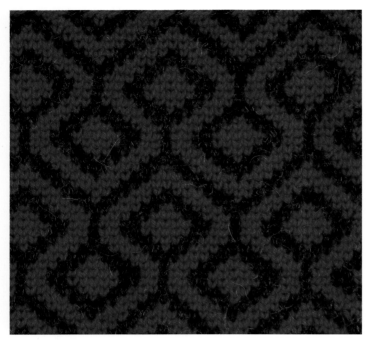

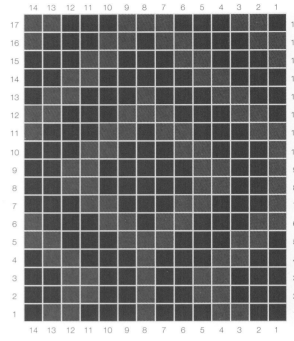

鹿角兔（Jackalope）

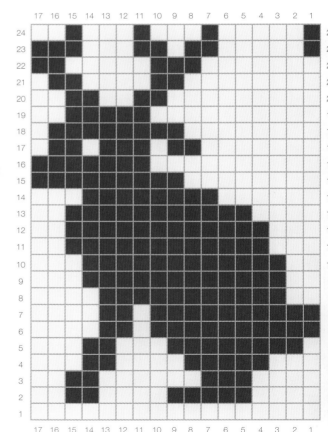

钩针编织配色图典·现代提花图案 150 例

咖啡杯（Coffee Cup）

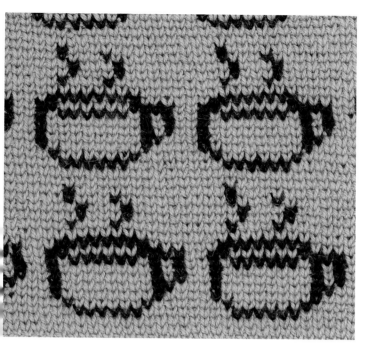

鲜榨果汁（Fresh Squeezed）

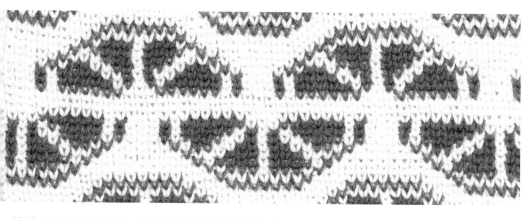

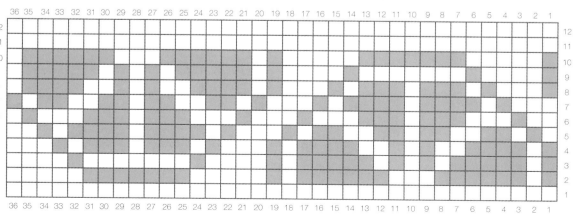

花园（Gardens）

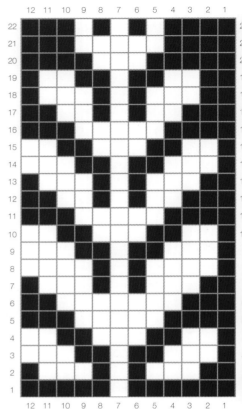

心碎（Heart Breaker）

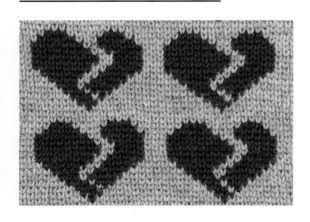

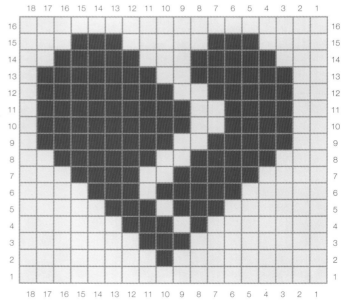

钩针编织配色图典 · 现代提花图案 150 例

山峰和山谷（Peaks and Valleys）

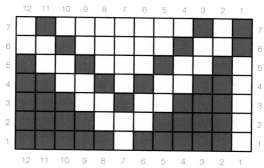

纹浪纹（Irregular Zig）

丛林（Bosky）

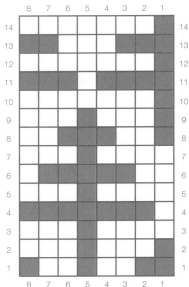

和平与爱（Peace and Love）

钩针编织配色图典 现代提花图案 150 例

花瓷砖（Ceramic）

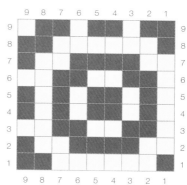

尼斯湖水怪（Nessie）

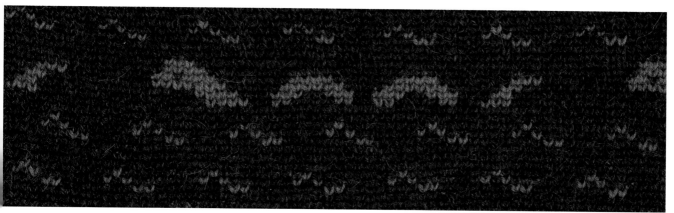
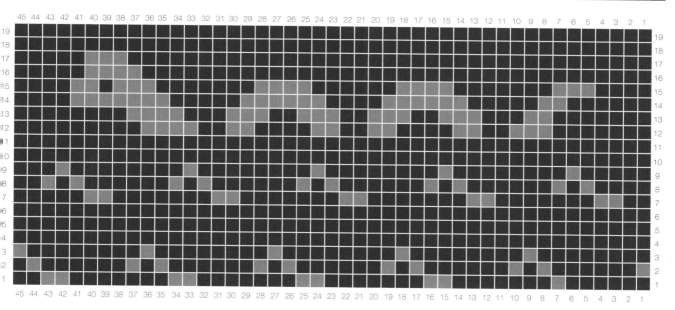

中心短针样片

纱线秘语（Secret Language of Yarn）

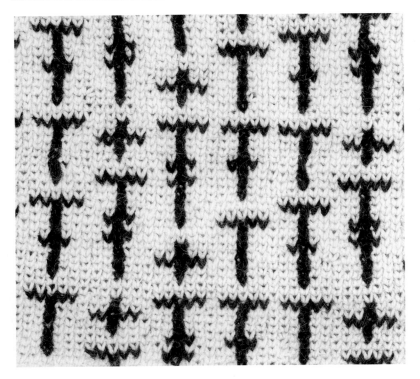

侧目（Sideways Glances）

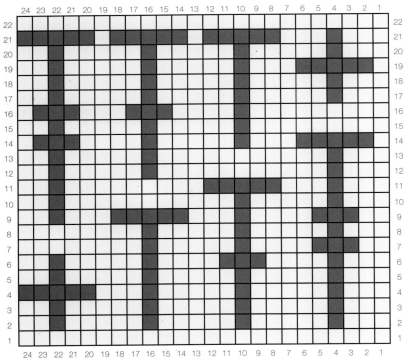

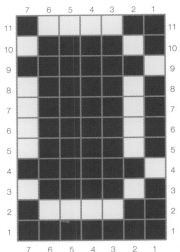

钩针编织配色图典　现代提花图案 150 例

拼布（Quilt）

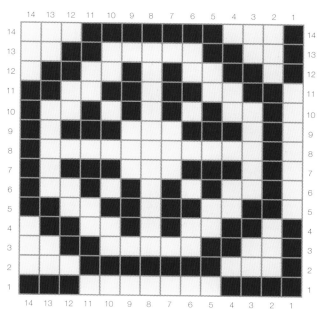

短针（Single Crochet）

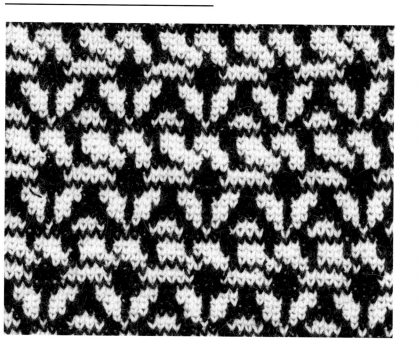

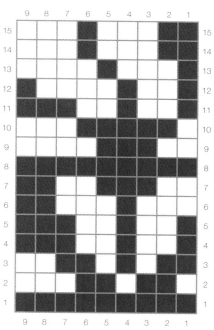

飞溅的浪花（Spatter）

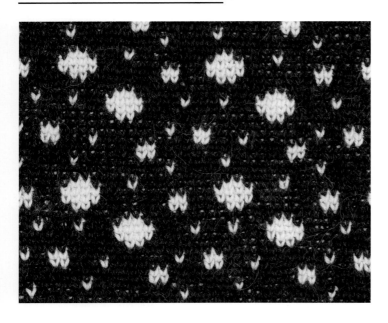
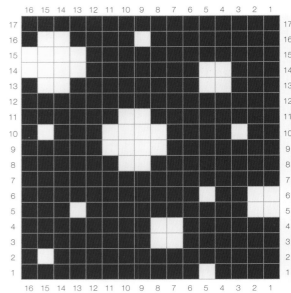

小象内莉（Nellie the Elephant）

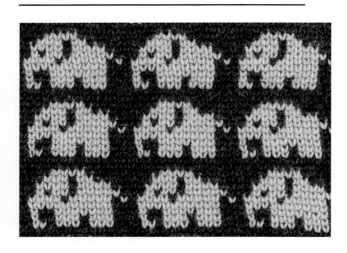
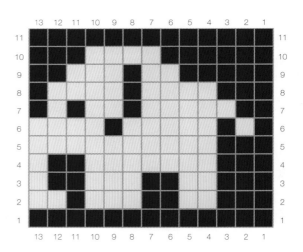

小小舞者（Tiny Dancer）

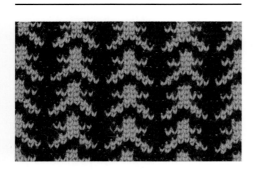
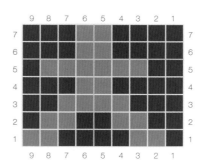

钩针编织配色图典　现代提花图案150例

英文字母（Writing on the Wall）

外钩长针样片

聊天气泡（Bubbly）

兔子与爱心（Bunny Love）

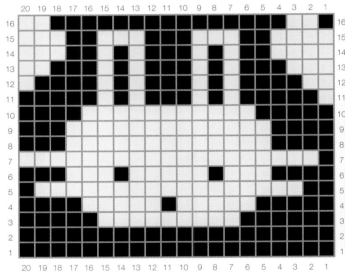

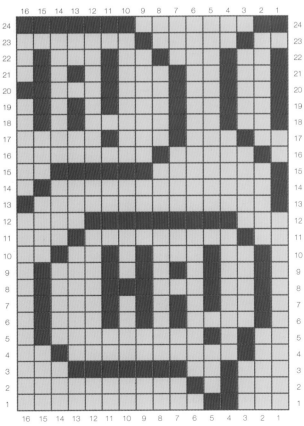

小窍门

使用外钩长针钩织的织物容易向右侧卷曲，定型能有所校正。在所有边缘都增加罗纹边或边框，能防止卷曲。

樱桃（Cherries）

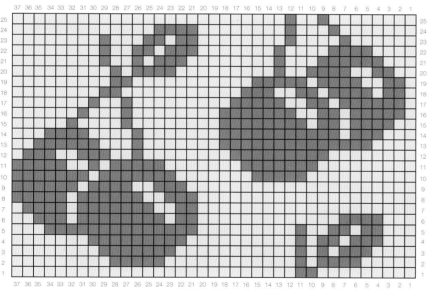

辫子（Plait）

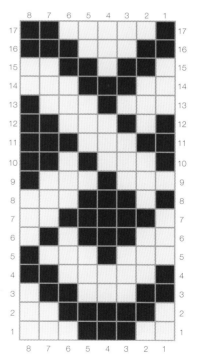

代尔夫特陶（Delftware）

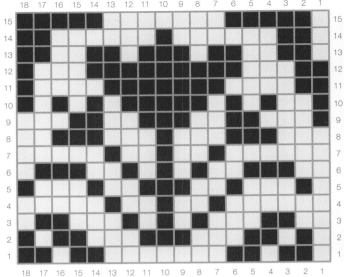

幸运马蹄（Lucky Horseshoe）

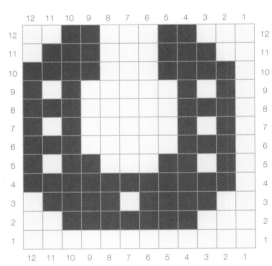

钩针编织配色图典　现代提花图案150例

格子（Checks）

小窍门

你可能会发现，使用外钩长针针法钩织时，前一两圈会比最终样片或作品的其余部分显宽。如果出现这种情况，定型可以帮助解决。下次钩织外钩长针作品时，可以尝试使用较细的钩针来起针，或者将前两圈钩得更紧一些。

露营（Camping）

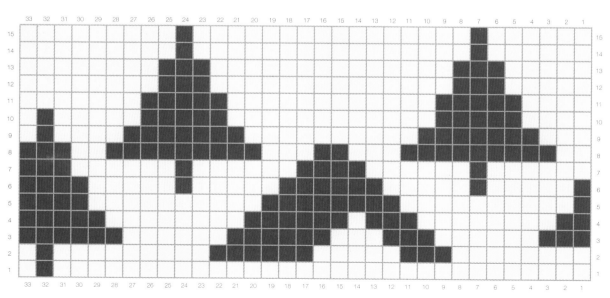

心动（Crush）

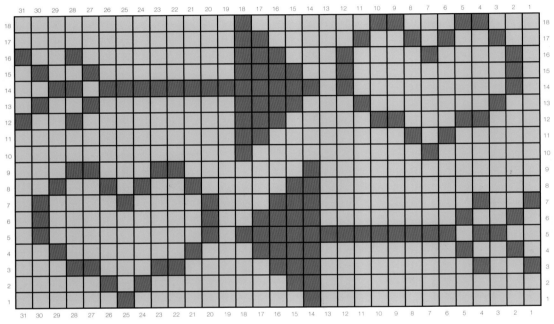

地图（Maps）

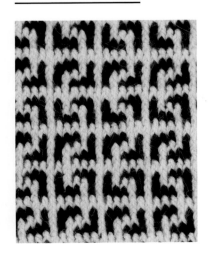

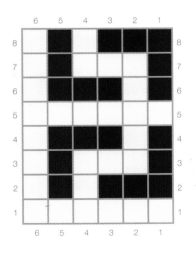

小窍门

如果你想减少露出来的部分，可以用较矮的针法，例如中长针，甚至短针来钩织准备圈（开始配色钩织之前的一圈）。但要切记在开始外钩长针时，仍然需要挑取针柱来钩织。

金刚石（Diamondback）

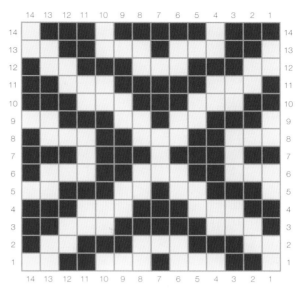

手势（Hand Sign）

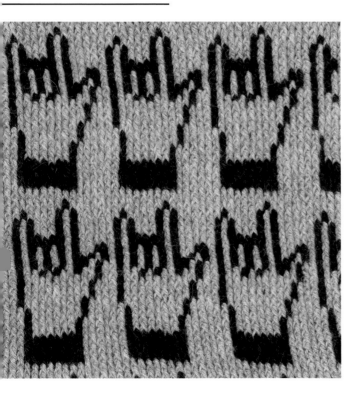

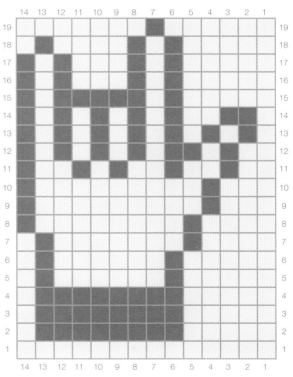

落叶（Deciduous）

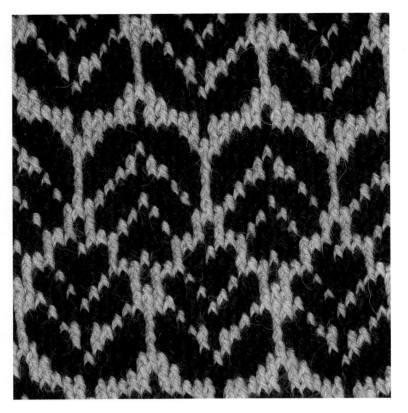
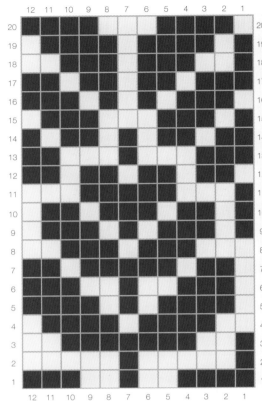

欺骗（Skulduggery）

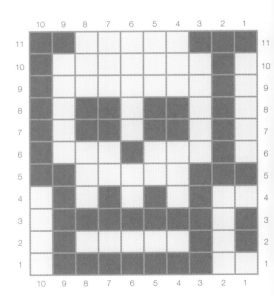

钩针编织配色图典 现代提花图案 150 例

交叉风（Cross Winds）

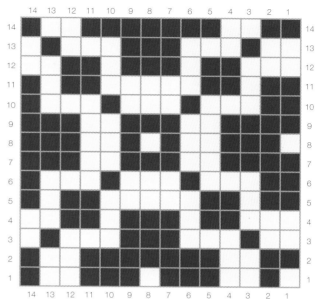

寿司卷（Maki）

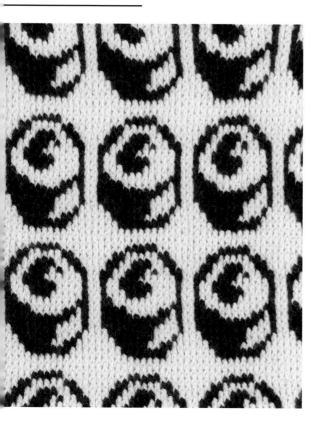

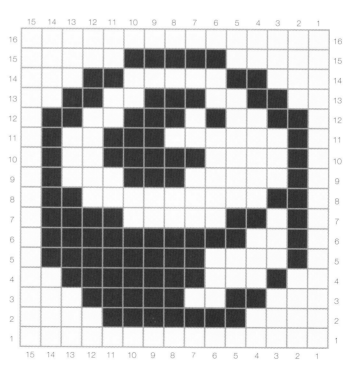

泡泡（Grout）

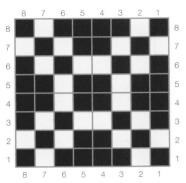

小狗与爱心（Puppy Love）

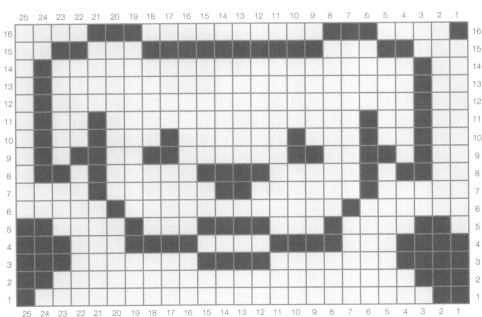

钩针编织配色图典 现代提花图案 150 例

花束（Posy）

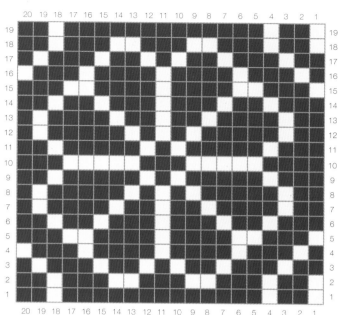

小恐龙（Dinos）

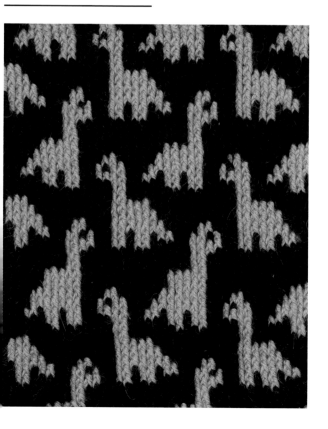

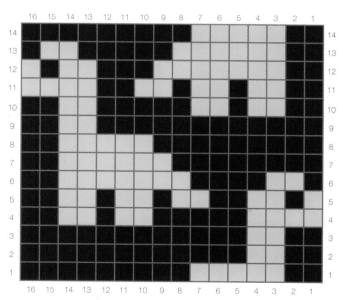

交叉（Intersection）

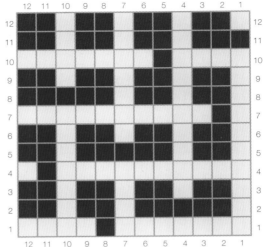

蜘蛛（Spiders）

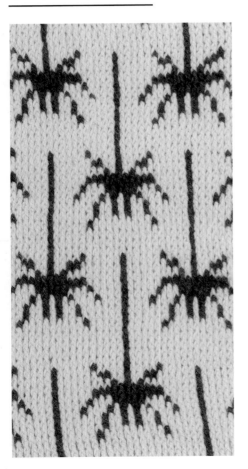

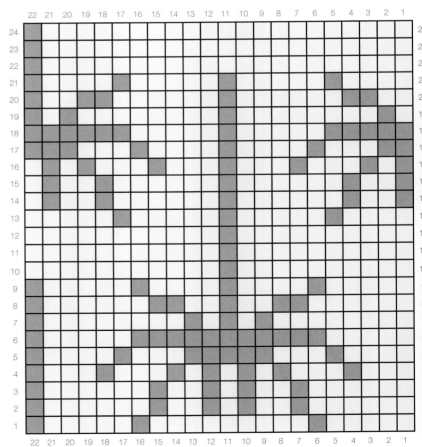

钩针编织配色图典 现代提花图案150例

世界大碰撞（Worlds Collide）

砖块（Brick Braid）

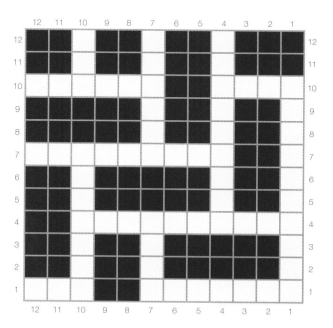

条纹短针样片

生长的藤蔓（Interlaced Vines）

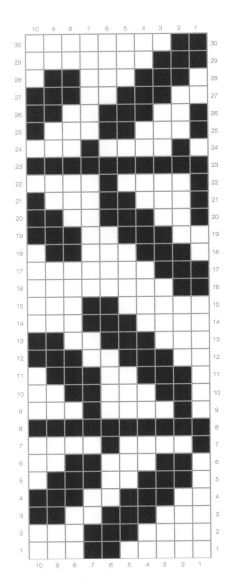

小独角兽（Tiny Unicorn）

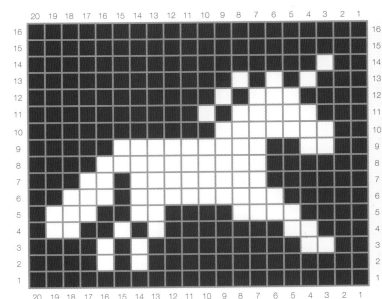

钩针编织配色图典 现代提花图案150例

激流（Riptide）

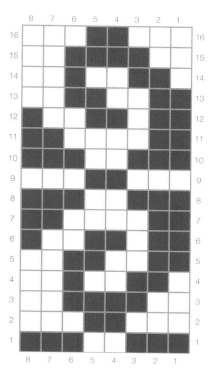

翻转盒（Flip Flop Boxes）

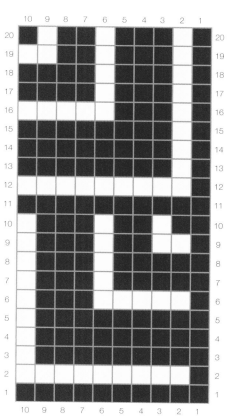

夏威夷宴会（Luau）

大脚怪（Bigfoot）

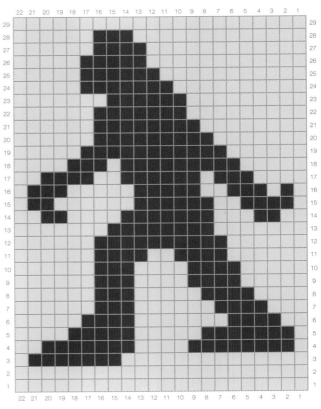

钩针编织配色图典·现代提花图案150例

脊骨（Backbone）

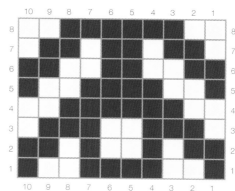

放大（Amplified）

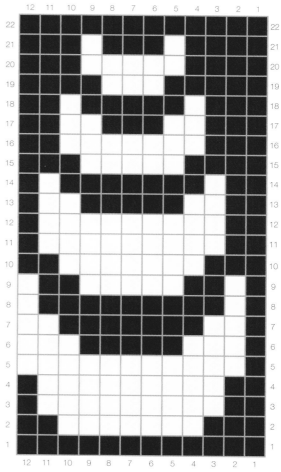

带扣（Buckled）

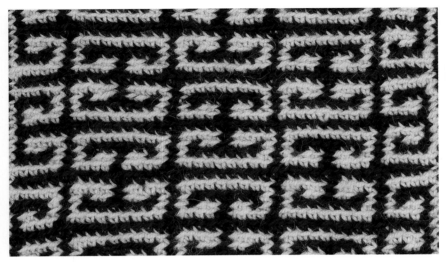

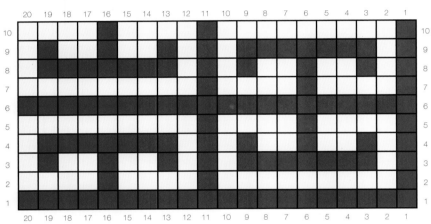

复活节岛（Easter Island）

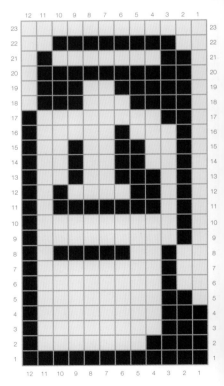

小窍门

钩织条纹短针时，第一次拉线的动作避免太用力，不然会将入针的后针圈拉松，导致钩出来的新针目底部有一个洞。

钩针编织配色图典 现代提花图案 150 例

闪电（Bolt from the Blue）

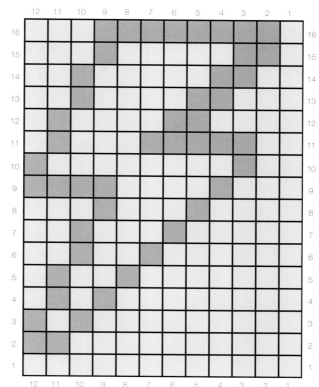

锯齿（Zigs and Zags）

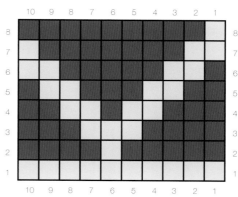

限速牌（Freeway）

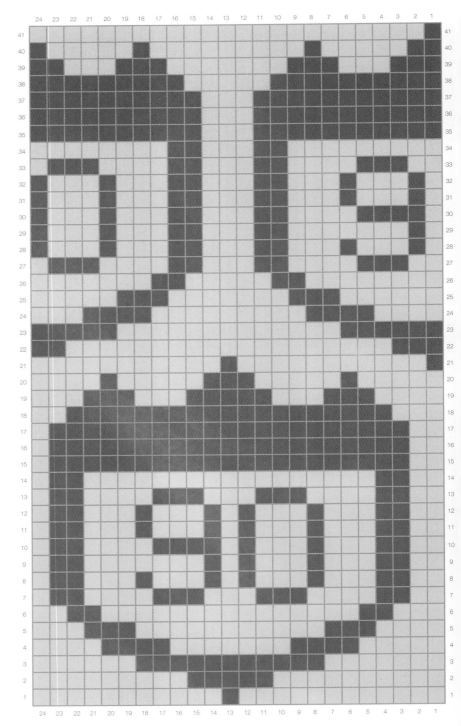

滑块（Sliding Tiles）

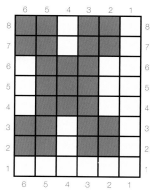

转向灯（Turn Signal）

螺旋（Helix）

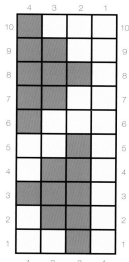

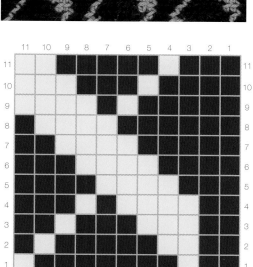

小窍门

　　如果你选择的配色图解有很强的右倾斜线如蓝色闪电（P79）或牙齿（P83），使用条纹短针会让配色图案显得格外清晰。

落日（Setting Sun）

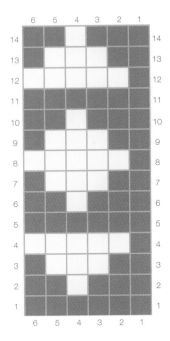

心连心（Hearts Together）

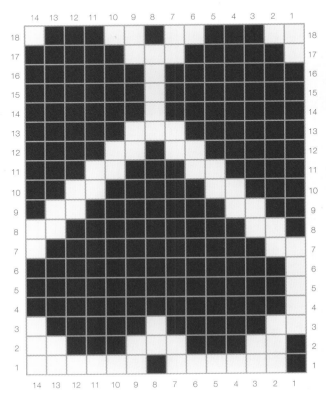

牙齿（Tooth）

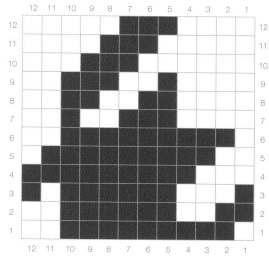

仙人掌（Saguaro）

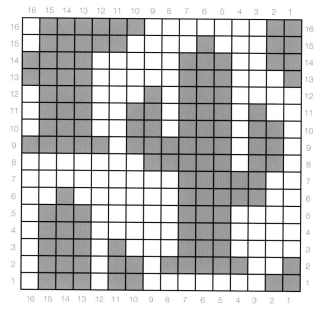

双色桃心（Twin-tone Hearts）

雨伞（Umbrella）

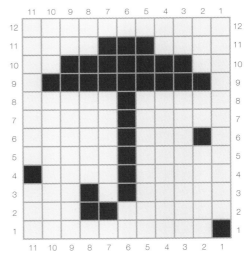

钩针编织配色图典·现代提花图案150例

小屋子（Village）

 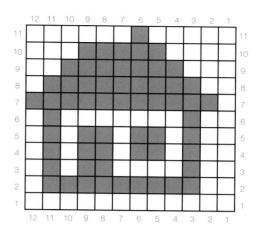

辐射（Radiate）

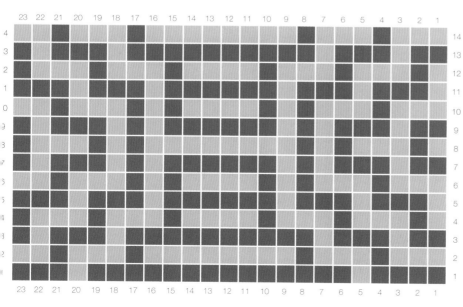

中心分割加长短针样片

独角鲸群（Narwhal School）

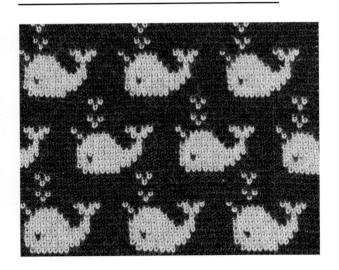

克拉达爱心（Claddagh）

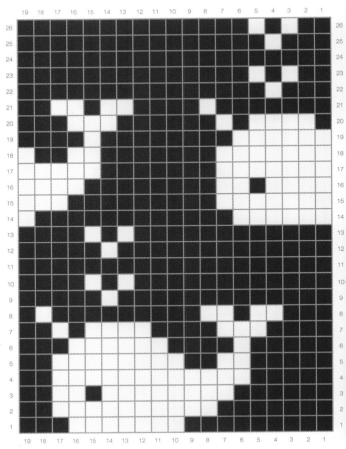

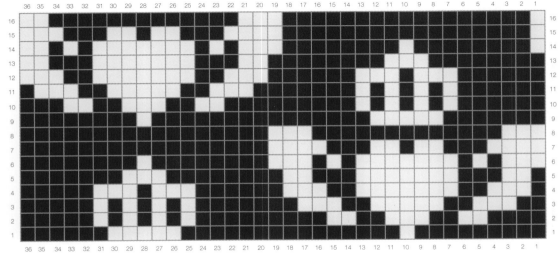

大花朵（Big Flora）

拼接（Pieced）

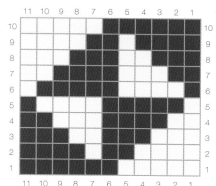

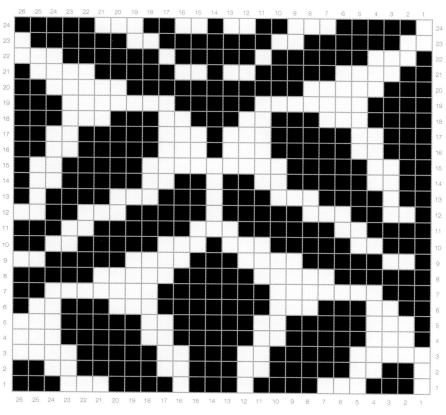

圆点（Dotty）

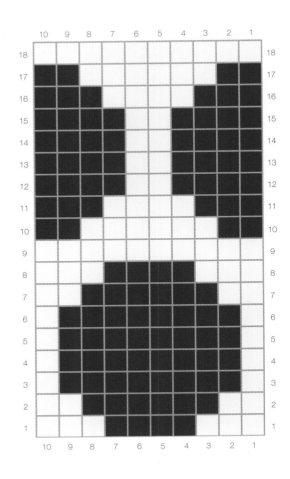

断点波浪（Broken Zigs）

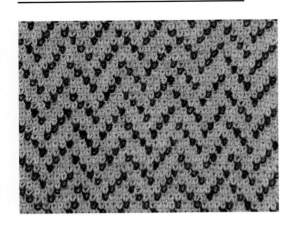

小窍门

第一次尝试中心分割加长短针针法时，请务必使用不易分股的纱线。一开始将钩针送入正确的位置可能会有点麻烦，所以在学习这种针法时要慢慢来，练习多了自然会变得容易了。

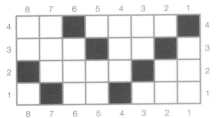

春天（Spring）

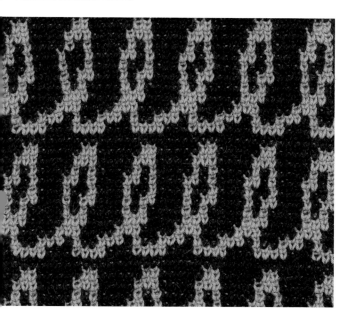

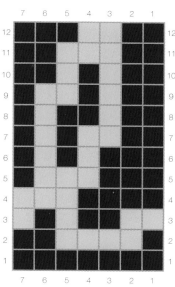

金银钩（Filigree）

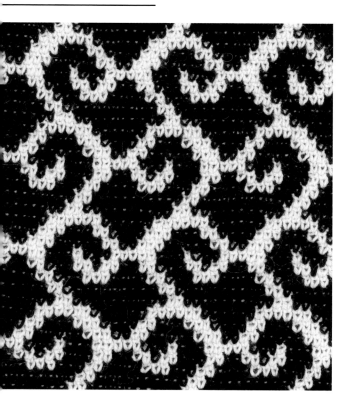

蝴蝶结（Floating Bows）

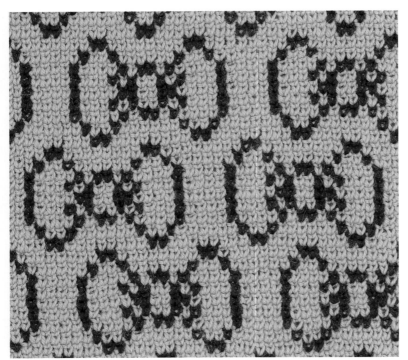

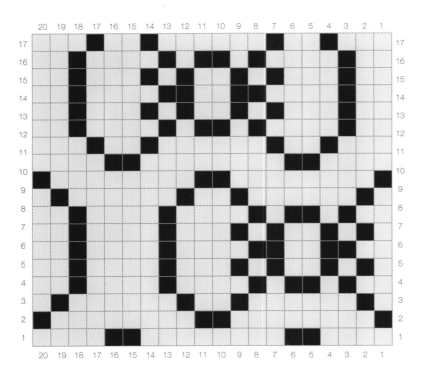

蜂巢（Floating Bows）

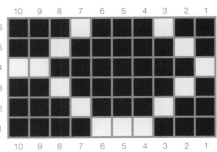

小窍门

有意将中心分割加长短针钩得比平时松一些，会很有帮助。从线圈拉出时，往上再拉松一点。这样就能更轻松地将钩针送入针目中。

镶嵌（Inlaid）

鱼鳞（Mermaid Scales）

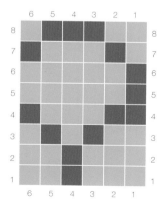

叶子（Leafy）

 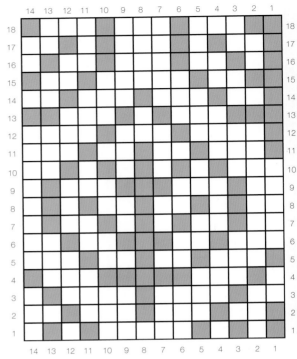

马提尼酒杯（Martini）

 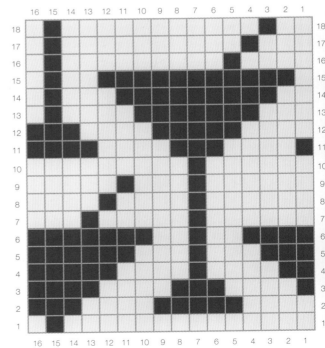

忍者（Ninjas）

小窍门

　　钩织中心分割加长短针时，我用左手中指在钩针穿过每一针时抚摸针目的背面，以确保我将钩针送入了横线之下。

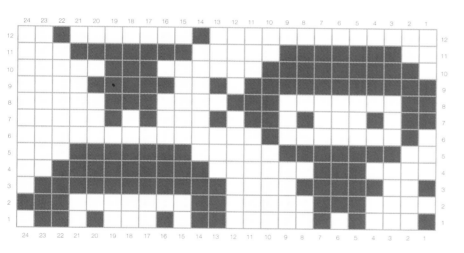

小猫（Meow）

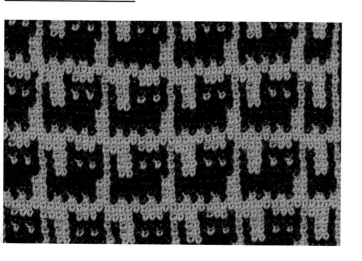

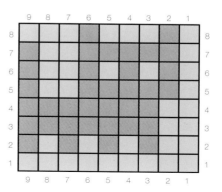

迷宫（Labyrinth）

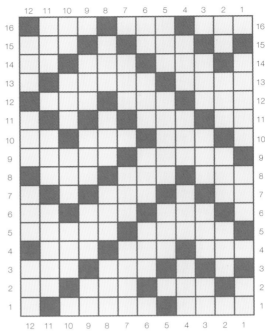

萌芽（New Growth）

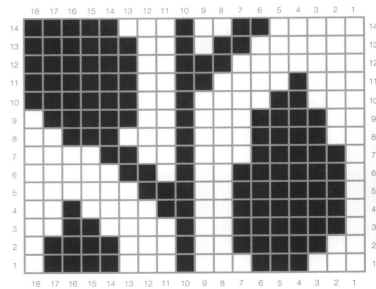

褪色（Faded）

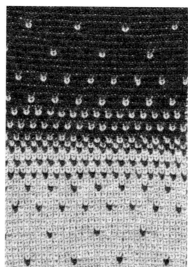

小剪刀（Snips）

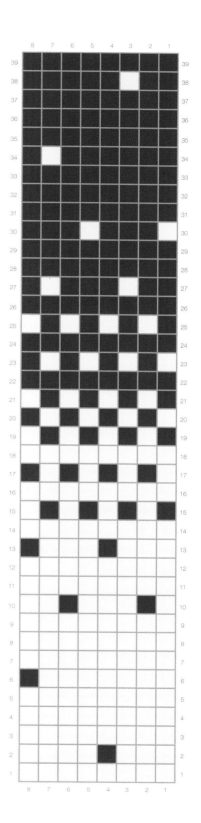

中心分割加长短针样片

配色编织作品

这 5 件作品的设计目的在于，它们都是经典不过时的式样，可以反复制作，每次只需更换配色图案部分，就可以得到全新的作品。有关作品定制的更多有用信息，请参阅"替换和修改图解"和"作品替换"部分。

踏板围巾

这作品非常适合初学者，无需考虑形状、尺寸或任何复杂的问题，只需看着图案慢慢钩织即可。这里介绍的针法简单，涉及的颜色变化相对较少，而且图案位置容易跟踪。同时，将这件作品换成其他针法来钩织也特别容易（请参阅"替换和修改图解"P140）。

成品尺寸： 183 厘米长 ×28 厘米宽。

纱线： Berroco Ultra Alpaca Light（50% 超细羊驼毛，50% 秘鲁羊毛；50 克 /133 米；CYCA #3）；主色 #4288 蓝莓混色，配色 #42189 大麦色，每种颜色各 4 球。

钩针： 3.75 毫米。如有必要，可调整钩针尺寸，以获得正确的钩织密度。比起完全一致的钩织密度，更重要的是让织物具有良好的悬垂性柔软度。不过，钩织密度会影响围巾的成品尺寸，而且可能会改变用线量。

工具： 记号（可选）；缝针；1 块宽约 19 厘米的硬纸板（用于制作流苏）。

钩织密度： 10 厘米 ×10 厘米 =16 针 ×14 行，使用 3.75 毫米钩针制作加长短针的配色图案。

这条围巾是按行钩织（片织）的，正面始终朝上，这就意味着你要在每一行的末尾断线，留下长长的线尾（之后纳入流苏中）。如果想拆开样片循环使用毛线，建议按照"钩织样片说明"（P100），以环形钩织的方法制作样片（且不要断线）。

为何选择这款线

这件作品中选用的毛线与本书所有样片相同，我很想为你们展示一下相同线材钩织较大的作品时的样子。这款羊驼和羊毛混纺线非常柔软，具有很好的悬垂性和保暖性，而且颜色非常丰富，是这条宽大围巾的最佳选择！

钩织样片说明

起 33 个锁针。

第 1 圈：注意不要将锁针扭转，从钩针位置往回数第 2 个锁针开始，每一针都挑针钩加长短针。（32 针）

不引拔连接，直接以螺旋方向继续环形钩织。放记号标记一圈的第 1 针。

第 2 ~ 14 圈：以加长短针的提花针法，按图解钩织接下来的 13 圈，每圈作 4 次图案重复（参见"根据图解钩织"）。

提示

本围巾是横向片织的。每行的开头和结尾都要留出 20 厘米长的线尾，这些线尾之后将被纳入流苏中，因此无需藏线尾（接线处除外）。即使有些行不需要换色，也

要继续从相反方向重新接一根线来钩织，以保持整条围巾的密度均匀。一个额外的优势是，如果围巾的边缘出现波浪状或被拉伸，你还可以拉动这些线尾来收紧围巾的边缘。

根据图解钩织

因为我们是看着正面来片织的，所以图解的每一行都从右到左阅读。如果你是左利手，你可以从左向右阅读图解。图解的第 1 行对应围巾的第 1 行。

按照图解钩织时，将非工作线带在前一行的顶部，用针目包裹住非工作线。钩织时注意不要让非工作线限制住针目。每次换色钩织了几针后，拉一下裹线的线尾，确认不会太松，再拉一下织物，确认它不会太紧。当你需要更换颜色时，放下工作线，拿起另一根一直陪伴的线（裹线）。在换色之前，一定要在最后一针以新的颜色完成最后一个挂线的动作。当你放下旧颜色拿起新颜色时，把主色放前面，配色放后面，这样就可以避免在钩织时毛线缠乱。

此图显示的是踏板围巾的反面，看起来也很棒！

围巾钩织教程

使用主色线，起 292 个锁针。

小窍门：锁针的起针数比较多时，如果数乱了别担心，索性多钩几针锁针，然后在钩织第 1 行时候重新数针数，把多起的锁针拆掉。每 25 针或 50 针放一个记号标记，可以有助于更轻松地数准针数。

准备行：使用主色线，从往回数第 2 个锁针开始，在每 1 个锁针钩 1 针加长短针，入针位置在锁针底部，注意包裹着配色线来钩织，直到一行结束。（291 针）

打结，断线，在这一行的终点以及接下来每一行图案的终点留下 20 厘米长的线尾。

第 1 ~ 24 行：接下来，在第 1 行的起点，以及接下来每一行图案的起点，都留出大约 20 厘米的起针线尾（这些线尾将被纳入流苏中）。保持正面朝上，包裹着配色线钩织，将钩针送入准备行的第 1 针加长短针（而非起立针），挂住主色线，拉出 1 个线圈，2 个锁针（起立针在这里以及整件作品中都不计入计数），从起立针所在的同 1 针钩 1 个加长短针，从图解的第 1 行开始，使用加长短针的针法，钩织接下来的 288 针，直到余下 2 针，使用主色线，将余下 2 针各钩织 1 针加长短针，打结，留下 20 厘米长的线尾。（291 针，36 次图解重复，行首使用主色钩织 [2 锁针的起立针，1 个加长短针]，行尾使用主色钩 2 个加长短针）。不要翻面。

第 25 ~ 37 行：重复第 1 ~ 13 行。

第 38 行：按图案规律接上原来的线，钩织 2 个锁针的起立针。从同一针开始，继续包裹着配色线钩织，使用主色线钩织 1 行加长短针。（291 针）

打结，留下 20 厘米长的线尾。

收尾

藏线头，定型。

流苏

将围巾一端的毛线松松地在 19 厘米的纸板上缠绕 80 圈，然后从一侧剪开线圈。

在围巾的两端各结 20 束流苏，每束流苏分别由 4 股线（合股）而成，连接方法如下：在围巾的边缘将钩针从反面穿入正面。取 4 根流苏线，将它们对折找到中点，然后挂在钩针头上。用钩针拉出，使线圈大小正好能容纳 2 根手指伸进去掏流苏。用手指穿过线圈，抓住 8 根流苏线以及此处原来的线尾（钩围巾时留的），将它们从线圈中掏出。拉紧，固定好流苏。沿着边缘重复此操作，完成剩余的流苏。

在围巾的另一端重复流苏的制作方法。

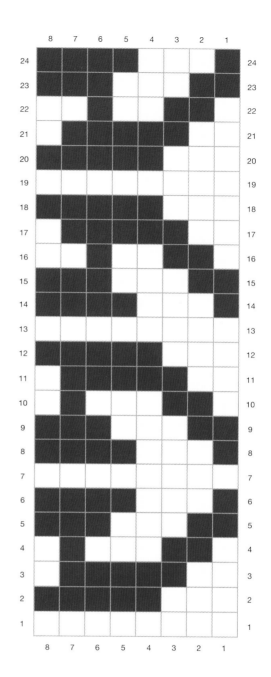

图解符号

每个方格代表 1 针。

从右向左阅读图解（左利手：从左向右阅读）。

雪花帽

还记得从前，因电视机接收信号不好，屏幕上出现的雪花吗？在雪花中只能勉强识别电视里的画面。本作品正是向这段过去的简朴时光致敬！我喜欢斑点纱线的颜色——就像模糊的电视图像，但又仿佛能看出来点什么。毛线的颜色之间要有足够的对比度，这一点很重要，否则图解上的图案就显示不出来了，当你使用的是斑点纱线或混色纱线时，只要颜色搭配得恰当，也会产生很酷的效果！

成品尺寸：适合一般体型的女性或青少年；罗纹边周长 48 厘米，定型后长 26.5 厘米。

纱线：Malabrigo Mechita（100% 超耐洗美利奴羊毛；100 克 /384 米；CYCA#1）；主色 #MTA052 巴黎之夜，配色 #MTA729 低音提琴，每种颜色各 1 球。

钩针：2.25 毫米和 2.75 毫米。如有必要，可调整钩针尺寸，以获得正确的钩织密度。

工具：记号；缝针；1 块宽约 11.5 厘米、长 12.5～15 厘米的硬纸板，用于制作绒球。

钩织密度：10 厘米 ×10 厘米 =22.5 针 ×15.5 行，使用 2.75 毫米钩针钩织加长短针的配色图案部分。

为何选择这款线

我需要一款很细的单股线，这样就可以钩织较大的图解，实现流畅的提花图案。我之所以选择这种纱线，主要是因为它非常柔软，钩织起来非常顺畅，而且它还有斑点线和纯色线可供选择。我希望这顶帽子随意套到头上都会很好看。多亏了纱线的超强垂感和柔软度，这个作品才得以实现！

提示

　　这项帽子是自下而上钩织。首先，你要来回翻面钩织罗纹边，然后用引拔针将两端连接在一起，形成一个筒状。沿着筒状的顶部挑针，环形连接，继续钩织帽子的主体部分。

　　换色时，不要打结或断线，而是把非工作线带在编织行的顶部来裹线钩织。

　　环形连接：每圈最后一针的最后一个挂线的动作，使用与刚钩好的这一圈第1针相同的颜色。使用相同的颜色（与第1针）作引拔连接。

　　起立针的颜色：在本作品中，起立针不计为1针。你需要使用与每圈第1针相同的颜色来钩起立针。如果下一圈的第1针跟钩针完成引拔后的线圈是不同颜色，使用新颜色挂线，拉紧旧颜色的线尾，使旧颜色的最后一个线圈消失，钩织起立针，然后从连接处钩织第1针。

针法指南

　　加长短针：将钩针送入下一针头部的两个线圈下方，挂线拉出1个线圈，挂线从第1个线圈拉出，挂线从2个线圈拉出。

　　改良的加长短针的2并1：这个针法在接下来的2针上进行，针数会减少1针。将钩针先送入下一针头部的前半圈下方，再送入下一针头部的2个线圈下方（跟往常一样从前向后入针），挂线拉出1个线圈，挂线从第1个线圈拉出，挂线从2个线圈拉出。

帽子教程

罗纹边

使用 2.25 毫米钩针和主色线，起 14 个锁针。

第 1 行：从钩针往回数第 3 个锁针开始，从锁针的底部入针，在每个锁针上钩 1 个中长针，至一行结束，翻面。（12 针）

第 2 ~ 96 行：钩织 2 个锁针，从每一针钩织 1 个只挑后半圈的中长针，翻面。（12 针）

缝合行：1 个锁针，像准备钩织下一行一样翻面，将起针边直接带到最后一行的前方，对齐两条边缘作只挑后半圈的引拔接合。（12 个引拔针）

不要打结。将作品翻转，使引拔接缝位于内侧。

帽身

准备圈：1 个锁针，旋转织物，沿行末挑针如下：放记号将罗纹边分成 4 个区域。每个区域钩织 30 个短针，放记号标记每圈的第 1 针。沿着罗纹边钩织 120 针。

换成 2.75 毫米钩针。

第 1 圈（开始配色图案）：使用配色线挂线，拉出 1 个线圈。拉紧主色线的线尾，直到主色线的最后一个线圈消失，但是不要断线。钩织时包裹着非工作线，从图解的第 1 圈开始，钩织接下来的 24 圈，每一圈作连接（见环形连接 P104）。

帽顶减针

继续裹线钩织，以防止减针的部分被拉伸，也使针脚看起来更均匀。裹线钩织还能使帽子顶部更加硬挺，这样就不会被绒球拉变形。时不时地轻轻拉一下不使用的颜色，以拉紧针目，防止不使用的颜色渗出。如果渗色太明显，那就将裹线从配色线改为主色线。

减针

第 35 圈：整圈钩织改良的加长短针的 2 并 1，连接。（60 针）

第 36 圈：整圈钩织加长短针，连接。

第 37 圈：整圈钩织改良的加长短针的 2 并 1，连接。（30 针）

第 38 圈：整圈钩织改良的加长短针的 2 并 1，连接。（15 针）

第 39 圈：钩织 7 次改良的加长短针的 2 并 1，最后 1 针钩织加长短针，连接。（8 针）

打结。用缝针将线尾穿过余下 8 针的前半圈，然后拉紧，使帽子顶部闭合。

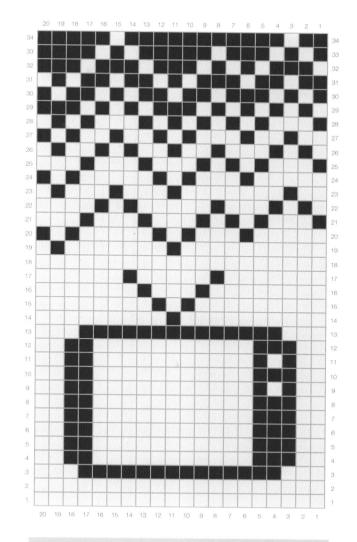

图解符号

每个方格代表 1 针。

从右到左阅读图解（左利手：从左向右阅读）。

完成

藏好线尾。定型帽子。

毛球

将两根毛线剪成 40.5 厘米长，放在一边。将毛线松松地缠绕纸板约 350 圈。小心地将线圈从纸板上取下，在中间放两根 40.5 厘米长的毛线。将 2 根线（合股）包裹着线圈中间系一个非常紧的结。用剪刀修开绒球上所有的线圈，注意不要剪掉用来打结的长系线。将绒球揉蓬松，并将线尾修剪成半径 7.5 厘米的球状。用缝针将长系绳将绒球固定在帽子顶部。

雪花帽

克拉达爱心连指手套

用中心短针来挡住寒风！这种针法可以形成无比温暖、厚实的织物，让你的手温暖一冬。这里使用的配色图案叫克拉达，克拉达是订婚戒指品牌，造型为"双手奉心，冠以我爱"，这里把"心"织在手套上，即把"心"捧在"手"上之意。

成品尺寸：适合一般女性手型；周长 21.5 厘米，不含拇指；袖口长 7.5 厘米；手套长 19 厘米（不含袖口）。教程中附有延长或缩短手套的说明。

纱线：Brown Sheep Nature Spun Sport Weight（100% 羊毛；50 克 /168 米；CYCA #2）：主色 #N25S 森林绿，配色 #N03S 石楠灰，每种颜色各 1 球。如果将指尖加长 1 厘米以上，你可能需要更多的主色线。如果将拇指加长 1 厘米以上，你可能需要更多的配色线。

钩针：2.75 毫米和 3.25 毫米。如有必要，可调整钩针针号以获得正确的钩织密度。

配件：4 个记号，缝针。

钩织密度：10 厘米 ×10 厘米 =19 针 × 24 圈，使用 3.25 毫米钩针钩织中心短针配色图案。

配色钩织图案的钩织密度通常会稍紧一些，你可能需要换粗 1 号的钩针来保持钩织密度均匀，或者也可以不换钩针的情况下有意将配色钩织图案的部分钩得松一些，来保持钩织密度。

为何选择这款线

这种纱线是我的常用线。因为它有足够丰富的颜色，而且携带非常方便，同时它还有很多其他的优点。它的质地对于连指手套来说恰到好处，足够结实，在反复穿着和洗涤后仍能保持形状；它还足够柔软舒适，佩戴不会扎。

提示

袖口为横向来回钩织，1 行引拔针缝合。然后从袖口挑针，环形钩织至指尖，拇指留着最后再钩。翻面的锁针起立针不计入针数。

钩织时针目包裹着非工作线，要确保裹线不会限制针脚。换色后，每钩几针就拉一下裹线的末端，以确保不会太松，然后再拉一下织物，以确保不会太紧。

钩织手套主体的纯色部分时，可以选择是否包裹非工作线钩织（即使此处无配色）。裹线钩织有助于保持钩织密度一致，还能让手套更保暖，但会影响伸展性。我选择断开配色线，以增加手掌部分的伸展性，但在指尖部分我会继续包裹着非工作线钩织，以增加保暖性。

根据配色图解钩织

在换色之前，一定要在最后一针的最后一个挂线动作换上新的颜色线。

每一圈都从 1 个锁针开始，并在每一圈结束时用引拔针连接。在此作品中，第 1 个锁针和引拔针都不计入针数。

针法指南

中心短针：将钩针送入下一针针目"V"字中心，挂线拉出 1 个线圈，挂线从钩针上的 2 个线圈一起拉出。

中心短针的 2 并 1：将钩针送入下一针针目"V"字中心，挂线拉出 1 个线圈，将钩针送入下一针针目"V"字中心，挂线拉出 1 个线圈，挂线从钩针上的 3 个线圈一起拉出。减 1 针。

注意：在下一圈或下一行中，当你在减针处钩织中心短针或中心短针的 2 并 1 时，要先将钩针送入减针位置的针目"V"字中心，然后再做第 1 次的挂线动作。

连指手套教程

袖口

使用 2.75 毫米钩针和主色线，起 20 个锁针。

第 1 行：从钩针往回数的第 3 个锁针开始，在锁针的底部入针，在每个锁针上钩 1 个中长针，至一行结束，翻面。（18 针）

第 2 ~ 26 行：钩织 2 个锁针（不计入针数），从每针钩织 1 个只挑后半圈的中长针，翻面。（18 针）

将袖口缝合如下：将袖口织片对折，使最后一行直接放在起针行的前方，穿过两层边缘作只挑后半圈的引拔接合，保留引拔接缝位于作品的正面，不要打结。（12 针）

右手套

第 1 圈：放记号标记第 1 针，且在袖口的上边缘作 4 等份标记。钩织 1 个锁针（不计入针数），在袖口的每个分区挑针钩织 10 个短针，引拔连接。（40 针）

换成 3.25 毫米钩针。

第 2 ~ 5 圈：1 个锁针（起立针在现在和整个过程都不计入针数），使用配色线挂线拉出 1 个线圈，拉紧主色线的线尾，直到主色线的最后一个锁针消失，将主色线横放在作品的顶部边缘，开始钩织克拉达下侧图解。图解的 4 圈都记住要包裹着非工作线钩织。

提示：接下来，可以包裹着非工作线钩织，也可以断掉主色线，只用配色线继续。

第 6 圈：1 个锁针，接下来的 23 针钩织中心短针，接下来的 2 针各钩织出 2 个中心短针，接下来的 15 针钩织中心短针，引拔连接。（42 针）

第 7~8 圈：1 个锁针，整圈钩织中心短针，引拔连接。

第 9 圈：1 个锁针，接下来 24 针中心短针，接下来的 2 针各钩织出 2 个中心短针，16 针中心短针，引拔连接。（44 针）

第 10 ~ 11 圈：1 个锁针，整圈钩织中心短针，引拔连接。

第 12 圈：1 个锁针，接下来的 25 针中心短针，接下来的 2 针各钩织出 2 个中心短针，接下来的 17 针中心短针，引拔连接。（46 针）

第 13 ~ 14 圈：1 个锁针，整圈钩织中心短针，引拔连接。

第 15 圈：1 个锁针，接下来的 26 针中心短针，接下来的 2 针各钩织出 2 个中心短针，接下来的 18 针中心短针，引拔连接。（48 针）

第 16 ~ 18 圈：1 个锁针，整圈钩织中心短针，引拔连接。

提示：可以在这里通过多钩或少钩几圈配色线来改变手套手掌的长度。

第 19 圈（拇指孔）：23 针各钩织 1 个中心短针，2 个锁针，跳过 10 针（作为拇指孔），在跳过的第 1 针放记号，接下来的 15 针各钩织 1 个中心短针。（40 针，不包括跳过的拇指针目）

第 20 ~ 38 圈：按照克拉达上侧图解，钩织接下来的 19 圈中心短针，不要打结。（40 针）

提示：可以在这里增加主色线的圈数来延长手套，或提前开始钩织指尖的减针，缩短手套。

指尖减针

提示： 这里可以继续包裹着配色线钩织，也可以剪断配色线，只用主色线钩织（见提示）。

第 39 圈： 1 个锁针，[下一针中心短针，中心短针的 2 并 1，接下来 15 针钩织中心短针，中心短针的 2 并 1] 2 次。

第 40 圈： 1 个锁针，整圈钩织中心短针，引拔连接。

第 41 圈： 1 个锁针，[下一针钩织中心短针，中心短针的 2 并 1，接下来 13 针钩织中心短针，中心短针的 2 并 1] 2 次，引拔连接。（32 针）

第 42 圈： 1 个锁针，[下一针中心短针，中心短针的 2 并 1，接下来 11 针钩织中心短针，中心短针的 2 并 1] 2 次，引拔连接。（28 针）

第 43 圈： 1 个锁针，[下一针钩织中心短针，中心短针的 2 并 1，接下来 9 针钩织中心短针，中心短针的 2 并 1] 2 次，引拔连接。（24 针）

第 44 圈： 1 个锁针，[下一针钩织中心短针，中心短针的 2 并 1，接下来 7 针钩织中心短针，中心短针的 2 并 1] 2 次，引拔连接。（20 针）

打结断线，留出长长的主色线尾，用于缝合手套顶部。

大拇指

从标记的针目（拇指上跳过的第 1 针）用主色线拉出 1 个线圈，1 个锁针，接下来的 10 针中各钩织 1 个中心短针，在拇指与手交接处的侧边钩 1 个加长短针，在接下来 2 个锁针（在拇指洞那一圈形成的）的底部各钩 1 个中心短针，在拇指与手掌交接处的侧边钩 1 个加长短针，不要连接。（14 针）

接下来的 10 圈： 每针钩织 1 个中心短针。（14 针）

提示： 这 10 圈可以增加或减少，以延长或缩短拇指的长度。

下一圈： 钩织 7 次中心短针的 2 并 1。（7 针）

下一圈： 整圈钩织中心短针。（7 针）

打结，留出长长的线尾。用缝针将线尾穿过余下 7 针的前半圈，拉紧，使拇指顶部闭合。使用缝针和拇指接线时的线尾，闭合拇指与手掌交接处的所有孔洞。

左手套

第 1~5 圈： 参考右手套。

第 6 圈： 1 个锁针，接下来的 16 针钩织中心短针，接下来的 2 针各钩织出 2 个中心短针，接下来的 22 针钩织中心短针，引拔连接。（42 针）

第 7~8 圈： 1 个锁针，整圈钩织中心短针，引拔连接。

第 9 圈： 1 个锁针，接下来的 17 针钩织中心短针，接下来的 2 针各钩织出 2 个中心短针，接下来的 23 针钩织中心短针，引拔连接。（44 针）

第 10~11 圈： 1 个锁针，整圈钩织中心短针，引拔连接。

（下转 124 页）

克拉达下侧图解

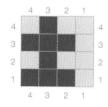

克拉达上侧图解

图解符号

每个方格代表 1 针。

从右向左阅读图解（左利手：复印一份水平翻转的镜像图解，从左向右阅读）。

荒地开衫

　　我喜欢在帐篷里露营，常幻想着在一个漫长的徒步旅行之后，穿着这件质朴而优雅的毛衣，在巨大的壁炉前悠闲地躺着；还幻想有一天住进一间国家公园小屋时，我就穿着这种开襟毛衣。这款毛衣的结构使得每一部分的尺寸都容易调节：配色图案的区域是可以在钩织过程检查是否合身；衣身和袖子是自上而下钩织的，可以调整长度；将这三片一起拼接起来，再从下往上钩织育克的部分，这样也可以根据需要来调整肩部了。

成品尺寸： S、M、L、XL、XXL 码；胸围 87.5（99，112，121.5，137）厘米。合身度适中。样品为中码，松量为9 厘米。

纱线： Jamieson's Double Knitting（100% 羊毛；25 克 /75 米；CYCA #3）；主色 #235 松鸡色，22（24，28，30，34）球；配色 #230 黄赭色，6（6，7，8，9）球。

钩针： 4 毫米、3.5 毫米和 3.25 毫米。如有必要，可调整钩针针号以获得正确的钩织密度。

配件： 6 个记号，缝针，6 个 3 厘米的纽扣，缝纽扣用的针和线。

钩织密度： 10 厘米 ×10 厘米 =15.5针 ×19 圈，使用 4 毫米钩针制作中心短针的配色图案。

10 厘米 ×10 厘米 =20.5针 ×19 行，使用 3.5 毫米钩针钩织亚麻花样。

10 厘米 ×10 厘米 =23 针 ×13 行，使用 3.25 毫米钩针制作只挑后半圈的中长针花样。

为何选择这款线

　　这是一款经典的毛纺纱线，这款线轻盈、质朴、厚实的同时，粘性强，纤维相互粘连，不易滑脱。这些特点都使其成为适用剪开提花的完美纱线。此外，亚麻花样在垂直方向上会有一定的伸展性，而我不希望纱线的重量让毛衣下垂，恰巧，这种纱线有很多回弹力，可以很好地固定住毛衣的形状。

荒地开衫衣身图解尺寸 S（L，2X）码

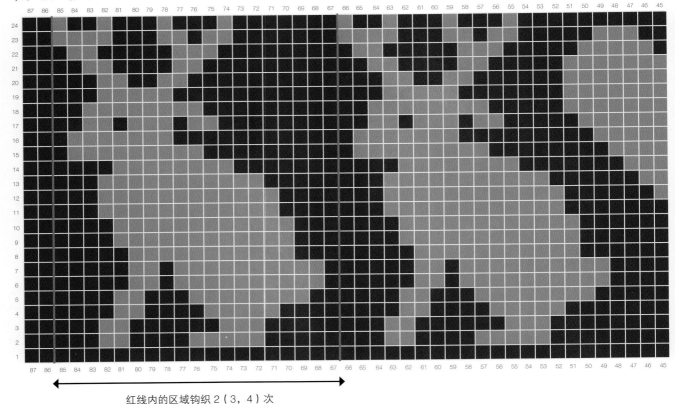

红线内的区域钩织 2（3，4）次

提示

　　配色图案的部分钩织得松弛一些，更有利于钩针穿过针目。

　　罗纹边的部分要有意地织紧一些，以保持形状不变。

　　在钩织罗纹边时，为了使边缘更整齐，可以钩 2 个紧密的锁针作为翻面的起立针。这 2 个锁针不用于下一行的入针，所以钩得紧一些也没关系。

　　请先阅读"剪开提花，无需担心"（P17），以熟悉钩织钩针提花的额外加针和剪开过程。

针法指南

　　钩织起点侧的额外加针（每圈开始配色图解之前的额外加针）：上一圈的第 1 针使用主色线钩织中心短针，最后一个挂线动作换成配色线，下一针使用配色线钩织中心短针，最后一个挂线动作换成主色线，下一针使用主色线钩织中心短针，必要时，最后一个挂线动作换色，以使用

与图解第 1 针一致的颜色来钩织接下来的 1 锁针空档，使用下一针（图解的第 1 针）的颜色来钩织 1 个锁针。接下来按图解织完。

　　钩织结束侧的额外加针（每圈结束配色图解之后的额外加针）：必要时，将图解最后一个中心短针的最后一个挂线动作换成主色线，使用主色线钩织 1 个锁针，下一针使用主色线钩织中心短针（最后一个挂线动作换成配色线），下一针使用配色线钩织中心短针（最后一个挂线动作换成主色线），下一针使用主色线钩织中心短针，最后一个挂线动作使用双股线合股，继续使用双股线合股钩织 2 个锁针，放下配色线，使用主色线钩织 1 个锁针。

　　亚麻减针（亚麻花样的短针减针——减针的第 1 条"腿"和第 2 条"腿"分别位于接下来的 2 个锁针空档）：将钩针送入下一个锁针空档，挂线拉出 1 个线圈，将钩针送入下一个锁针空档，挂线拉出 1 个线圈，挂线从 3 个线圈一起拉出（减 2 针）。

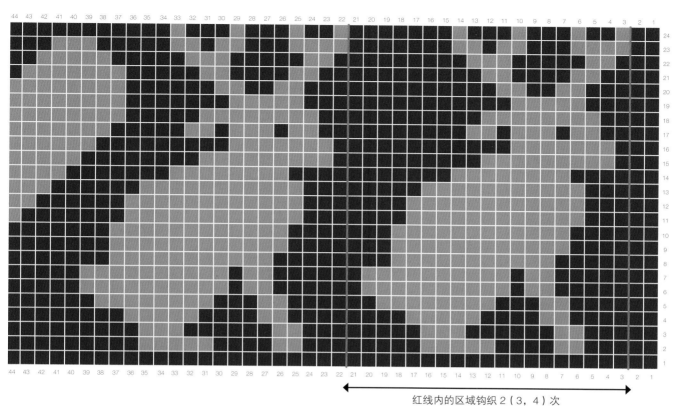

红线内的区域钩织 2（3，4）次

（每个方格代表 1 针，从右向左阅读图解，左利手从左向右阅读）

开衫教程

衣身

按照荒地开衫衣身图解的对应尺寸，使用中心短针的针法环形钩织 125（143，163，177，201）针，再加上 3 针的额外加针，方法如下：

用 4 毫米钩针和主色线，起 134（152，172，186，210）个锁针。

第 1 圈： 从钩针往回数第 2 个锁针开始，从锁针的底部挑针，接下来 3 个锁针都钩织短针，放记号标记 1 圈的第 1 针，1 个锁针，每个锁针都钩织短针直到余 4 个锁针，1 个锁针，接下来 2 个锁针都钩织短针，最后 1 个锁针钩织短针，最后 1 个挂线动作使用主色线和配色线合股（目的是加入配色线），2 个锁针（使用 2 种线合股），下一圈第 1 个额外加针的针目，放下不需要的颜色，使用另一个颜色钩织 1 个锁针，不要引返连接，直接以螺旋方向继续环形钩织。从这圈的第 1 针（记号标记）钩织出下一圈的第 1 针。中间为配色图案的 125（143，163，177，201）针，位于两端的 1 个锁针空档和 3 个额外加针正好被 3 个锁针隔开。

第 2 圈： 从这里开始，环形钩织不作引拔连接。从第

1 圈的第 1 针钩织出这一圈的第 1 针；小心不要扭转第 1 圈，记得在额外加针和配色图案的部分，都包裹着非工作线来钩织。钩织起点侧的额外加针，按照荒地开衫衣身图解的第 2 圈织完，钩织终点侧的额外加针。（125（143，163，177，201）针 +11 针的额外加针）

第 3 ~ 24 圈： 钩织起点侧的额外加针，按图解钩织一行，钩织终点侧的额外加针。

打结。

放一个不同颜色的记号标记第 1 行，然后按以下步骤在对应的位置放记号（此 4 个记号标记 4 条拉克兰减针线）：

S 码的第 26、31、95 和 100 针。

M 码的第 31 针、第 36 针、第 108 针和第 113 针。

L 码的第 36 针、第 41 针、第 123 针和第 128 针。

XL 码的第 40 针、第 45 针、第 133 针和第 138 针。

XXL 码的第 46 针、第 52 针、第 150 针和第 156 针。

对额外加针进行加固和减针（见"剪开提花，无需担心"章节 P17）

将配色图案的织片旋转 180 度，沿着底部挑针，注意只挑配色图案的部分，额外加针的部分不挑针。

换成 3.25 毫米钩针。

荒地开衫衣身图解尺寸 M（XL）码

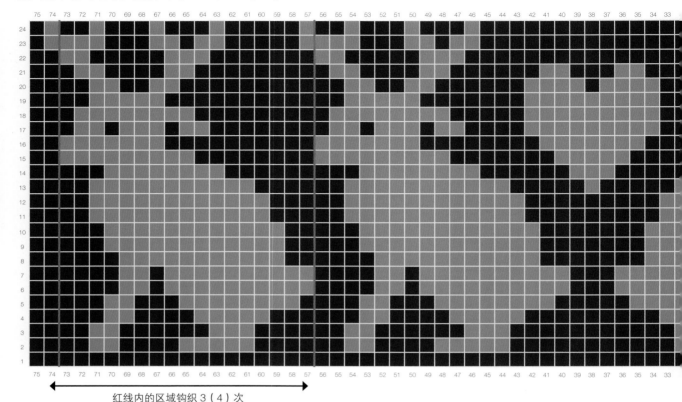

红线内的区域钩织 3（4）次

第 1 行（正面）：[下一针钩织出 2 个短针，下 2 针各钩织 1 个短针]按此规律钩织，直到余 2（2，1，3，3）针，从下一针钩织出 2（2，1，1，1）个短针，接下来的 1（1，0，2，2）针各钩织 1 个短针。（沿着底部边缘 167（191，217，235，267）个短针）

换成 3.5 毫米钩针。

第 2 行（反面）：1 个锁针，翻面，[下一针钩织短针，1 个锁针，跳过下一针]按此规律钩织直到余 1 针，最后 1 针钩织短针。（167（191，217，235，267）针）

换成配色线。

第 3 行（正面）：1 个锁针，翻面，挑下一针的后半圈钩织引拔针，[从下一个 1 锁针空档钩织短针，1 个锁针]按此规律钩织直到余 2 针，从下一个 1 锁针空档钩织短针，挑最后 1 针的后半圈钩织引拔针。（167（191，217，235，267）针）

第 4 行：1 个锁针，翻面，下一针钩织短针，1 个锁针，[从下一个 1 锁针空档钩织短针，1 个锁针]按此规律钩织直到余 1 针，最后一针钩织短针。（167（191，217，235，267）针）

换成主色线。

第 13 行：重复第 3 行。

第 14 行：重复第 4 行。

第 15 行：1 个锁针，翻面，挑下一针的后半圈钩织引拔针，[从下一个 1 锁针空档钩织短针，1 个锁针]18（21，24，26，30）次，从下一个锁针空档重复[短针，1 个锁针]2 次，[从下一个 1 锁针空档钩织短针，1 个锁针]按此规律钩织直到余 19（22，25，27，31）个 1 锁针空档，从下一个 1 锁针空档重复[短针，1 个锁针]2 次，[从下一个 1 锁针空档钩织短针，1 个锁针]按此规律钩织直到余 2 针，从下一个 1 锁针空档钩织短针，挑最后一针的后半圈钩织引拔针。（增加 4 针，171（195，221，239，271）针）

第 16 ～ 23 行：再重复第 3 ～ 4 行 4 次。

第 24 行（反面）：再重复第 3 行 1 次。

第 25 ～ 34 行：重复第 15 ～ 24 行。（175（199、225、243、275）针）

第 35 ～ 44 行：重复第 15 ～ 24 行。（179（203、229、247、279）针）

第 45 ～ 46（45 ～ 46、45 ～ 48、45 ～ 48、45 ～ 50）行：再重复第 3 ～ 4 行 1（1，2，2，3）次，最后以反面行结束。不要打结。

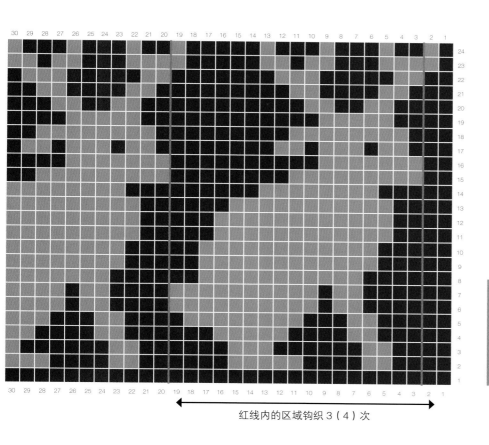

红线内的区域钩织 3（4）次

罗纹边

换成 3.25 毫米钩针。沿着衣身的最后一行挑针，同时钩织罗纹边，方法如下：

第 1 行： 12 个锁针，从钩针往回数第 3 个锁针开始，从锁针的底部挑针，从每个锁针钩织 1 个中长针直到结束。（10 针）

第 2 行： 跳过底部边缘的第 1 针，从底边行的接下来3 针钩织引拔针（引拔针不计入针数），翻面，从罗纹边的每个中长针的后半圈挑针钩织 1 个中长针。（10 针）

第 3 行： 2 个锁针，翻面，沿着罗纹边钩织只挑后半圈的中长针。（10 针）

第 4 行： 从底边行的接下来 3 针钩织引拔针（引拔针不计入针数），翻面，从罗纹边的每个中长针的后半圈挑针钩织 1 个中长针。（10 针）

在毛衣底边重复第 3~4 行，直到以下任一情况出现：

余 1 针： 最后 1 针钩织引拔针。打结。

余 2 针： 底边的下 2 针钩织引拔针（引拔针不计入针数），翻面，从罗纹边的每个中长针的后半圈挑针钩织1 个中长针。打结。

余 3 针： 重复第 4 行，然后重复第 3 行。打结。

提示： 罗纹边的宽度应与亚麻花样的底边相同。如果发现沿着毛衣底边钩织引拔针时，罗纹边有波纹或外翻，试一试跳过第 1 针，在随后的 3 针中各钩 1 针引拔针，以保持罗纹边缘的平直。

荒地开衫右袖图解 S 码

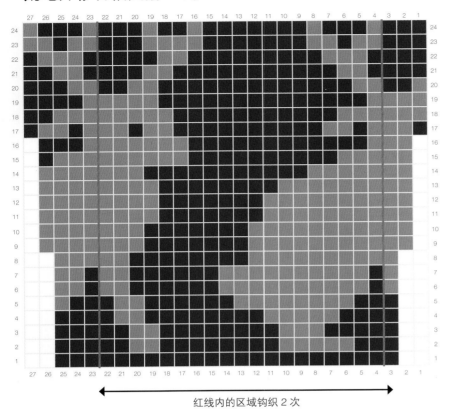

红线内的区域钩织 2 次

袖子

右袖配色图案织带

使用 4 毫米钩针和主色线，起 42（48、54、58、66）个锁针，与第 1 个锁针引拔连接，注意不要扭转起针圈。

第 1 圈：每针钩织短针。从这里开始，不作引拔连接，直接以螺旋式环形钩织，在最后一个短针的底部放记号（挂在底部的锁针上）。（42（48、54、58、66）针）

第 2~7（2~7、2~7、2~6、2~6）圈：按照荒地开衫右袖图解的对应尺寸，使用中心短针的针法，钩织接下来的 7（7、7、6、6）圈。

第 8（8、8、7、7）圈：继续按照图解钩织，从第 1 针钩织出 2 个中心短针，接下来都钩织中心短针，最后一针钩织出 2 个中心短针。（44（50、56、60、68）针）

第 9~15（9~15、9~15、8~12、8~12）圈：继续使用中心短针按图解钩织。

第 16（16、16、13、13）圈：继续按图解钩织，从第 1 针钩织出 2 个中心短针，接下来都钩织中心短针，最后一针钩织出 2 个中心短针。（46（52、58、62、70）针）

第 17~24（17~24、17~24、14~18、14~18）圈：继续按照图解钩织，从第 1 针钩织出 2 个中心短针，接下来都钩织中心短针，最后一针钩织出 2 个中心短针。（46（52、58、62、70）针）

仅适用于 XL 码和 XXL 码

第 19 圈：按照荒地开衫右袖图解的对应尺寸，从第 1 针钩织出 2 个中心短针，接下来都钩织中心短针，最后一针钩织出 2 个中心短针。（64（72）针）

第 20~24 圈：使用中心短针的提花针法，继续按图解钩织。

仅适用于 S、M、L、XL 码

打结。

在每圈的第 3 针放 1 个不同颜色的记号，在每圈的第 44（50、56、62）针放记号。（腋下的记号之间有 4 针）

仅适用于 XXL 码

打结。

右袖：在每圈的第 3 针放 1 个不同颜色的记号，在第 69 针放记号。

左袖：在每圈的第 4 针放 1 个不同颜色的记号，在第 70 针放记号。（腋下的记号之间有 5 针）

荒地开衫右袖图解 M 码

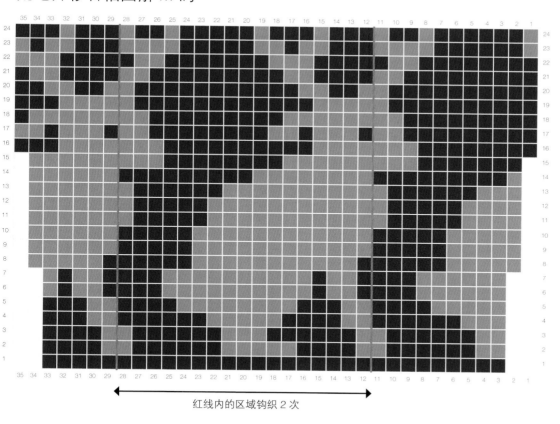

红线内的区域钩织 2 次

右袖下侧

旋转右袖，从底部的锁针边挑针（从配色图案往袖克夫方向钩织）。

换成 3.25 毫米钩针。

第 1 行：从锁针边标记的针目拉出 1 个线圈，1 个锁针（不计入针数），[下一针钩织出 2 个短针，下 2 针各钩织 1 个短针]直到余 3（3，3，4，3）针，下一针钩织出 2 个短针，接下来的 1（1，1，2，1）针钩织短针，最后一针钩织 2（2，2，1，2）个短针，翻面，不要连接，改为来回片织。（57（65，73，77，89）针）

提示：袖子下侧为先来回翻面片织再缝合。这是为了避免拉伸，也简化了针法（此针法做引拔连接时会混乱）。如果你更偏好于圈织袖子，那么就做引拔连接，再翻面圈钩，保持针法与衣身一致。用记号标记每圈的第 1 针。

换成 3.5 毫米钩针。

第 2 行（反面）：1 个锁针（翻面的起立针和接下来整件作品都不计入针数），[下一针钩织短针，跳过下一针，1 个锁针]按此规律钩织直到余 1 针，最后一针钩织短针，最后一个挂线动作换成配色线，翻面。（7（65，73，77，89）针）

仅适用小码（中码）

第 3 行（正面）：1 个锁针，挑第 1 针的后半圈钩织引拔针，[从下一个 1 锁针空档钩织短针，1 个锁针]按此规律钩织直到余 1 针，挑最后一针的后半圈钩织引拔针，翻面。（7（65）针）

仅适用于大码、加大码和加加大码

第 3 行（正面）：1 个锁针，挑第 1 针的后半圈钩织引拔针，亚麻减针，1 个锁针，[从下一个 1 锁针空档钩织短针，1 个锁针]按此规律钩织直到余 2 个 1 锁针空档，亚麻减针，挑最后一针的后半圈钩织引拔针，翻面。（69（73，85）针）

所有尺寸通用

第 4 行：1 个锁针，从下一个锁针钩织短针，1 个锁针，[从下个 1 锁针空档钩织短针，1 个锁针]按此规律钩织直到余 1 针，从本行的最后一个引拔针钩织短针，最后一个挂线动作换成主色线，翻面。（7（65，69，73，85）针）

第 5 行（正面）：1 个锁针，挑第 1 针的后半圈钩织

荒地开衫右袖图解 L 码

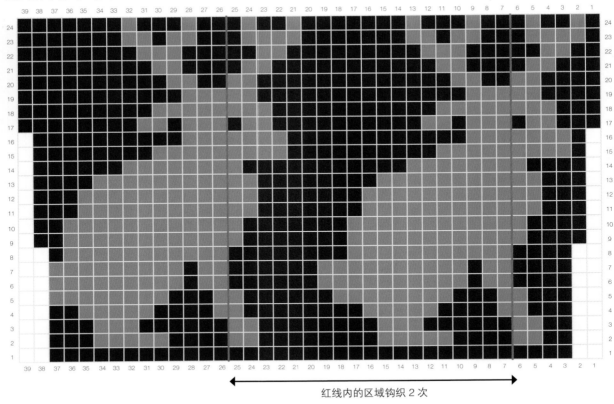

红线内的区域钩织 2 次

荒地开衫右袖图解 XL 码

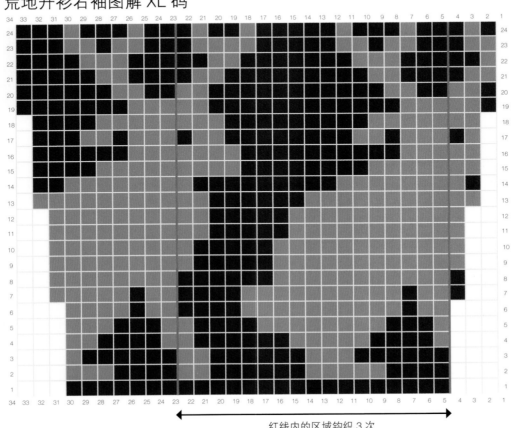

红线内的区域钩织 3 次

荒地开衫右袖图解 XXL 码

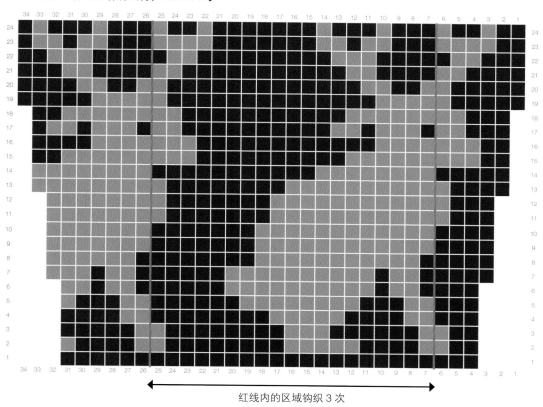

红线内的区域钩织 3 次

引拔针，[从下一个 1 锁针空档钩织短针，1 个锁针] 按此规律钩织直到余 1 针，挑最后一针的后半圈钩织引拔针，翻面。

第 6 行：1 个锁针，从下一个锁针钩织短针，1 个锁针，[从下一个 1 锁针空档钩织短针，1 个锁针] 按此规律钩织，直到余 1 针，最后一个引拔针钩织短针翻面。

第 7 行（正面）：重复第 5 行。

第 8 行：1 个锁针，从下一个锁针钩织短针，1 个锁针，[从下一个 1 锁针空档钩织短针，1 个锁针] 按此规律钩织直到余 1 针，本行的最后一个引拔针钩织短针，最后一个挂线动作换成配色线，翻面。(7（65，69，73，85）针)

仅适用于小码，中码和大码

第 9 行（正面）：重复第 5 行。

第 10 行：重复第 6 行。

第 11 行（正面）：重复第 5 行。

第 12 行：1 个锁针，从下一个锁针钩织短针，1 个锁针，[从下一个 1 锁针空档钩织短针，1 个锁针] 按此规律钩织直到余 1 针，本行的最后一个引拔针钩织短针，最后一个挂线动作换成主色线，翻面。(7（65，69）针)

第 13 行（正面）：1 个锁针，挑第 1 针的后半圈钩织引拔针，亚麻减针，1 个锁针，[从下一个 1 锁针空档钩织短针，1 个锁针] 按此规律钩织直到余 2 个 1 锁针空档，亚麻减针，挑最后 1 针的后半圈钩织引拔针，翻面。(3（61，65）针)

第 14 行：重复第 6 行。

第 15 行：重复第 5 行。

第 16 ~ 23 行：重复第 14 ~ 15 行 4 次。

第 24 行：重复第 14 行。

第 25 ~ 48 行：重复第 13 ~ 24 行 2 次。不要打结。

仅适用于 S 码

继续钩织袖子的罗纹边。

仅适用于 M 码和 L 码

第 49 行：重复第 13 行。(49（53）针)

第 50 行：重复第 14 行。

仅适用于 XL 码

第 9 行：重复第 5 行。

第 10 行：重复第 6 行。

第 11 行（正面）：1 个锁针，挑第 1 针的后半圈钩织引拔针，亚麻减针，1 个锁针，[从下一个 1 锁针空档钩织短针，1 个锁针] 按此规律钩织直到余 2 个 1 锁针空档，亚麻减针，挑最后一针的后半圈钩织引拔针，翻面。(69 针)

第 12 行：1 个锁针，从下一个锁针钩织短针，1 个锁针，[从下一个 1 锁针空档钩织短针，1 个锁针] 按此规律钩织直到余 1 针，本行的最后一个引拔针钩织短针，最后 1 个挂线动作换成主色线，翻面。

第 13 ~ 18 行：重复第 5 行和第 6 行 3 次。

第 19 行（正面）：1 个锁针，挑第 1 针的后半圈钩织引拔针，亚麻减针，1 个锁针，[从下一个 1 锁针空档钩织短针，1 个锁针] 按此规律钩织直到余 2 个 1 锁针空档，亚麻减针，挑最后一针的后半圈钩织引拔针，翻面。(65 针)

第 20 行：重复第 6 行。

第 21 ~ 26 行：再重复第 5 行和第 6 行 3 次。

第 27 ~ 50 行：再重复第 5 行和第 6 行 3 次。

第 51 ~ 52 行：重复第 5 行和第 6 行。

仅适用于 XXL 码

第 9 行：1 个锁针，挑第 1 针的后半圈钩织引拔针，亚麻减针，1 个锁针，[从下一个 1 锁针空档钩织短针，1 个锁针] 按此规律钩织直到余 2 个 1 锁针空档，亚麻减针，挑最后一针的后半圈钩织引拔针，翻面。(81 针)

第 10 行：重复第 6 行。

第 11 行（正面）：重复第 5 行。

第 12 行：1 个锁针，从下一个锁针钩织短针，1 个锁针，[从下 1 个 1 锁针空档钩织短针，1 个锁针] 按此规律钩织直到余 1 针，本行的最后一个引拔针钩织短针，最后一个挂线动作换成主色线，翻面。

第 13 行：重复第 5 行。

第 14 行：重复第 6 行。

第 15 行：1 个锁针，挑第 1 针的后半圈钩织引拔针，亚麻减针，1 个锁针，[从下一个 1 锁针空档钩织短针，1 个锁针] 按此规律钩织直到余 2 个 1 锁针空档，亚麻减针，挑最后一针的后半圈钩织引拔针，翻面。(77 针)

第 16 行：重复第 6 行。

第 17 行（正面）：重复第 5 行。

第 18 ~ 19 行：重复第 16 行和第 17 行。

第 20 行：重复第 6 行。

第 21 ~ 50 行：将第 15 ~ 20 行再重复 5 次。(57 针)

第 51 行：重复第 6 行（ 57 针)。

第 52 行：重复第 5 行。

袖子罗纹边

换成 3.25 毫米钩针。

第 1 行：18 个锁针，从钩针往回数第 3 个锁针开始，从锁针的底部挑针，从每个锁针钩织 1 个中长针，直到结束。(16 针)

第 2 行：跳过袖子底边行的第 1 针，从底边行的接下来 3 针钩织引拔针（引拔针不计入针数），旋转织物，从罗纹边的每个中长针只挑后半圈钩织 1 个中长针。(16 针)

第 3 行：2 个锁针，翻面，沿着罗纹边钩织只挑后圈的中长针。(16 针)

第 4 行：从底边行的接下来 3 针钩织引拔针（引拔针不计入针数），旋转织物，从罗纹边的每个中长针只挑后半圈钩织 1 个中长针。(16 针)

袖子底边重复第 3 ~ 4 行，直到以下任一情况出现：

余 1 针：最后一针钩织引拔针。

余 2 针：底边的下 2 针钩织引拔针（引拔针不计入针数），翻面，从罗纹边的每一个中长针的后半圈挑针钩织 1 个中长针。

余 3 针：重复第 4 行，然后重复第 3 行。

打结。留出长线尾用于缝合袖下侧边。

左袖

与右袖相同，但要将荒地开衫右袖的图解水平翻转复印来使用，或者在镜子中阅读图解，如常从右向左阅读。（左利手：同样将图解水平翻转复印来使用，但要从左向右阅读）

毛衣上身 / 育克

使用 3.25 毫米和主色线将袖子与衣身连接起来，然后以 [下 1 针钩 2 个短针，下 2 针各钩 1 个短针] 的模式来挑针，顺序依次为右前身、右袖后身、左袖和左前身，方法如下：

第 1 行（正面）：从右前身的别色记号开始，使用以上的模式钩织至身片的下一个被标记针目。将右袖子放在钩针针圈的旁边，从别色记号开始，钩织到袖子的下一个被标记针目。将左袖子放在钩针针圈的旁边，从别色记号开始，钩织到袖子的下一个被标记针目。继续从衣身的下一个被标记针目开始，钩织至左前片余 3 (3，2，3，1) 针，从接下来的 1 (1，1，1，0) 针钩织出 2 针短针，下一针钩织短针，从接下来的 1 (1，0，1，0) 钩织出 2 针短针。(育克整圈共 269 (309，351，381，433) 针)

提示：针数必须是奇数。

第 2 行（反面）：换成 3.5 毫米钩针，1 个锁针（不计

钩针编织配色图典　现代提花图案 150 例

入针数），从下一个锁针钩织短针，1个锁针，[从下一个1锁针空档钩织短针，1个锁针]按此规律钩织直到余1针，最后一个引拔针钩织短针，翻面。(269（309，351，381，433）针)

第3行（正面）：1个锁针，翻面，挑下一针的后半圈钩织引拔针，亚麻减针，1个锁针，[从下一个1锁针空档钩织短针，1个锁针]15（18，21，24，28）次，亚麻减针，在减针处放记号，1个锁针，[从下一个1锁针空档钩织短针，1个锁针]26（30，34，36，42）次，亚麻减针，在减针处放记号，1个锁针，[从下一个1锁针空档钩织短针，1个锁针]39（46，53，58，64）次，亚麻减针，在减针处放记号，1个锁针，[从下一个1锁针空档钩织短针，1个锁针]26（30，34，36，42）次，亚麻减针，在减针处放记号，1个锁针，[从下一个1锁针空档钩织短针，1个锁针]15（18，21，24，28）次，亚麻减针，挑最后一针的后半圈钩织引拔针，最后一个挂线动作换成配色线。(减12针，255（297，339，369，421）针)

提示：反面行，将记号移到标记减针处上方的1锁针空档处。

第4行（反面）：1个锁针，翻面，下一针钩织短针，1个锁针，[从下一个1锁针空档钩织短针，1个锁针]按此规律钩织，直到余1针，最后一针钩织短针。将记号移动到1锁针的空档。

第5行（正面）：1个锁针，翻面，挑下一针的后半圈钩织引拔针，亚麻减针，1个锁针，重复[从下1个锁针空档钩织短针，1个锁针]，其中最后一个短针入在被标记的1锁针空档之前的1锁针空档里，亚麻减针（减针的第1条腿入在被标记的1锁针空档里），1个锁针，重复[从下一个1锁针空档钩织短针，1个锁针]，留着被标记的1锁针空档之前的1锁针空档不钩织，亚麻减针（减针的第2条"腿"入在被标记的1锁针空档里），1个锁针，重复[从下一个1锁针空档钩织短针，1个锁针]，其中最后一个短针入在被标记的1锁针空档之前的1锁针空档里，亚麻减针（减针的第1条"腿"入在被标记的1锁针空档里），重复[从下一个1锁针空档钩织短针，1个锁针]，留着被标记的1锁针空档之前的1锁针空档不钩织，亚麻减针（减针的第2条"腿"入在被标记的1锁针空档里），1个锁针，[从下一个1锁针空档钩织短针，1个锁针]按此规律钩织直到余2个1锁针空档，亚麻减针，挑最后一针的后半圈钩织引拔针（最后一个挂线动作换成主色线）。(减12针，243（285，327，357，409）针)

第6行：重复第4行。

第7行（正面）：1个锁针，翻面，挑下一针的后半圈钩织引拔针，亚麻减针，1个锁针，重复[从下一个1锁

针空档钩织短针，1个锁针]，留着被标记的1锁针空档之前的1锁针空档不钩织，亚麻减针（减针的第2条腿入在被标记的1锁针空档里），1个锁针，重复[从下一个1锁针空档钩织短针，1个锁针]，其中最后一个短针入在被标记的1锁针空档之前的1锁针空档里，亚麻减针（减针的第1条腿入在被标记的针目里），1个锁针，重复[从下一个1锁针空档钩织短针，1个锁针]，留着被标记的1锁针空档之前的1锁针空档不钩织，亚麻减针（减针的第2条腿入在被标记的1锁针空档里），1个锁针，重复[从下一个1锁针空档钩织短针，1个锁针]其中最后一个短针入在被标记的1锁针空档之前的1锁针空档里，亚麻减针（减针的第1条"腿"入在被标记的1锁针空档里），1个锁针，[从下一个1锁针空档钩织短针，1个锁针]按此规律钩织，直到余2个1锁针空档，亚麻减针，挑最后一针的后半圈钩织引拔针（最后一个挂线动作换成主色线）。(减12针，231（273，315，345，397）针)

第8行：重复第4行。

第9行（正面）：重复第5行。(219（261，303，333，385）针)

第10行：1个锁针，翻面，下一针钩织短针，1个锁针，[从下一个1锁针空档钩织短针，1个锁针]按此规律钩织直到余1针，最后一针钩织短针最后一个挂线动作换成配色线。

第11行（正面）：重复第7行。(207（249，291，321，373）针)

第12行：重复第4行。

第13行（正面）：重复第5行，最后一个挂线动作换成主色线。(减12针，195（237，279，309，361）针)
断掉配色线。

第14至40行之间的所有偶数行（反面）：重复第4行。

第15行（正面）：重复第7行。(183（225，267，297，349）针)

第17行（正面）：1个锁针，翻面，挑下一针的后半圈钩织引拔针，[亚麻减针，1个锁针]0（1，1，1，1）次，重复[从下一个1锁针空档钩织短针，1个锁针]，其中最后一个短针入在被标记的1锁针空档之前的1锁针空档里，亚麻减针（减针的第1条"腿"入在被标记的针目里），1个锁针，重复[从下一个1锁针空档钩织短针，1个锁针]，留着被标记的1锁针空档之前的1锁针空档不钩织，亚麻减针（减针的第2条"腿"入在被标记的1锁针空档里），1个锁针，重复[从下一个1锁针空档钩织短针，1个锁针]，其中最后一个短针入在被标记的1锁针空档之前的1锁针空档里，亚麻减针（减针的第1条"腿"入在被标记的1锁针空档里），重复[从下一个1锁针空档钩织短针，1个锁针]，留着被标记的1锁针空档

之前的1锁针空档不钩织，亚麻减针（减针的第2条"腿"入在被标记的1锁针空档里），1个锁针，[从下一个1锁针空档钩织短针，1个锁针]按此规律钩织直到余0（2，2，2，2）个1锁针空档，[亚麻减针]0（1，1，1，1）次，挑最后一针的后半圈钩织引拔针。（减8（12，12，12，12）针，175（213，255，285，337）针）

第19行（正面）：1个锁针，翻面，挑下一针的后半圈钩织引拔针，[亚麻减针，1个锁针]1（0，1，1，1）次，重复[从下一个1锁针空档钩织短针，1个锁针]，留着被标记的1锁针空档之前的1锁针空档不钩织，亚麻减针（减针的第2条"腿"入在被标记的1锁针空档里），1个锁针，重复[从下一个1锁针空档钩织短针，1个锁针]，其中最后一个短针入在被标记的1锁针空档之前的1锁针空档里，亚麻减针（减针的第1条"腿"入在被标记的针目里），1个锁针，重复[从下一个1锁针空档钩织短针，1个锁针]，留着被标记的1锁针空档之前的1锁针空档不钩织，亚麻减针（减针的第2条"腿"入在被标记的1锁针空档里），1个锁针，重复[从下一个1锁针空档钩织短针，1个锁针]，其中最后一个短针入在被标记的1锁针空档之前的1锁针空档里，亚麻减针（减针的第1条"腿"入在被标记的1锁针空档里），1个锁针，[从下一个1锁针空档钩织短针，1个锁针]按此规律钩织直到余2（0，2，2，2）个1锁针空档，[亚麻减针]1（0，1，1，1）次，挑最后一针的后半圈钩织引拔针。（减12（8，12，12，12）针，163（205，243，273，325）针）

第21行（正面）：1个锁针，翻面，挑下一针的后半圈钩织引拔针，[亚麻减针，1个锁针]0（1，0，1，1）次，重复[从下一个1锁针空档钩织短针，1个锁针]其中最后一个短针入在被标记的1锁针空档之前的1锁针空档里，亚麻减针（减针的第1条"腿"入在被标记的针目里），1个锁针，重复[从下一个1锁针空档钩织短针，1个锁针]留着被标记的1锁针空档之前的1锁针空档不钩织，亚麻减针（减针的第2条"腿"入在被标记的1锁针空档里），1个锁针，重复[从下一个1锁针空档钩织短针，1个锁针]其中最后一个短针入在被标记的1锁针空档之前的1锁针空档里，亚麻减针（减针的第1条"腿"入在被标记的1锁针空档里），重复[从下一个1锁针空档钩织短针，1个锁针]留着被标记的1锁针空档之前的1锁针空档不钩织，亚麻减针（减针的第2条"腿"入在被标记的1锁针空档里），1个锁针，[从下一个1锁针空档钩织短针，1个锁针]按此规律钩织直到余0（2，0，2，2）个1锁针空档，[亚麻减针]0（1，0，1，1）次，挑最后一针的后半圈钩织引拔针。（减8（12，8，12，12）针，155（193，235，261，313）针）

第23行（正面）：1个锁针，翻面，挑下一针的后半

圈钩织引拔针，[亚麻减针，1个锁针]1（0，1，0，1）次，重复[从下一个1锁针空档钩织短针，1个锁针]留着被标记的1锁针空档之前的1锁针空档不钩织，亚麻减针（减针的第2条"腿"入在被标记的1锁针空档里），1个锁针，重复[从下一个1锁针空档钩织短针，1个锁针]其中最后一个短针入在被标记的1锁针空档之前的1锁针空档里，亚麻减针（减针的第1条"腿"入在被标记的针目里），1个锁针，重复[从下一个1锁针空档钩织短针，1个锁针]留着被标记的1锁针空档之前的1锁针空档不钩织，亚麻减针（减针的第2条"腿"入在被标记的1锁针空档里），1个锁针，重复[从下一个1锁针空档钩织短针，1个锁针]其中最后一个短针入在被标记的1锁针空档之前的1锁针空档里，亚麻减针（减针的第1条"腿"入在被标记的1锁针空档里），1个锁针，[从下一个1锁针空档钩织短针，1个锁针]按此规律钩织，直到余2（0，2，0，2）个1锁针空档，[亚麻减针]1（0，1，0，1）次，挑最后一针的后半圈钩织引拔针。（减12（8，12，8，12）针，143（185，223，253，303）针）

第25行（正面）：1个锁针，翻面，挑下一针的后半圈钩织引拔针，[亚麻减针，1个锁针]0（1，0，1，0）次，重复[从下一个1锁针空档钩织短针，1个锁针]，其中最后一个短针入在被标记的1锁针空档之前的1锁针空档里，亚麻减针（减针的第1条"腿"入在被标记的针目里），1个锁针，重复[从下一个1锁针空档钩织短针，1个锁针]留着被标记的1锁针空档之前的1锁针空档不钩织，亚麻减针（减针的第2条"腿"入在被标记的1锁针空档里），1个锁针，重复[从下一个1锁针空档钩织短针，1个锁针]其中最后一个短针入在被标记的1锁针空档之前的1锁针空档里，亚麻减针（减针的第1条"腿"入在被标记的1锁针空档里），重复[从下一个1锁针空档钩织短针，1个锁针]留着被标记的1锁针空档之前的1锁针空档不钩织，亚麻减针（减针的第2条"腿"入在被标记的1锁针空档里），1个锁针，[从下一个1锁针空档钩织短针，1个锁针]按此规律钩织直到余0（2，0，2，0）个1锁针空档，[亚麻减针]0（1，0，1，0）次，挑最后一针的后半圈钩织引拔针。（减8（12，8，12，8）针，135（173，215，241，295）针）

第27行（正面）：重复第23行。（123（165，203，233，283）针）

仅适用于M码（L、XL、XXL码）

第29行（正面）：重复第25行。（153（195，221，275）针）

第31行（正面）：重复第23行。（145（183，213，263）针）

仅适用于 L 码（XL，XXL 码）

第 33 行（正面）：重复第 25 行。（175（201，255）针）

第 35 行（正面）：重复第 23 行。（163（193，243）针）

仅适用于 XL 码（XXL 码）

第 37 行（正面）：重复第 25 行。（181（235）针）

第 39 行（正面）：重复第 23 行。（173（223）针）

仅适用于 XXL 码

第 41 行（正面）：重复第 25 行。（215 针）

第 43 行（正面）：重复第 23 行。（203 针）

所有尺寸通用

开始肩部减针。取下第 1 和第 4 个记号（标记前片的拉克兰减针线 P113）。

第 29 行（33、37、41、45）（正面）：1 个锁针，翻面，挑下一针的后半圈钩织引拔针，［亚麻减针，1 个锁针］2 次，重复［从下一个 1 锁针空档钩织短针，1 个锁针］，留着被标记的 1 锁针空档之前的 1 锁针空档不钩织，亚麻减针（减针的第 2 条"腿"入在被标记的 1 锁针空档里），移动记号到这个减针位置的顶部，1 个锁针，亚麻减针（这个减针不用标记），1 个锁针，重复［从下一个 1 锁针空档钩织短针，1 个锁针］，留着被标记的 1 锁针空档之前的 2 个 1 锁针空档不钩织，亚麻减针，1 个锁针，亚麻减针（减针的第 1 条"腿"入在被标记的 1 锁针空档里），仅移动记号到第 2 次的减针位置，1 个锁针，［从下一个 1 锁针空档钩织短针，1 个锁针］按此规律钩织直到余 4 个 1 锁针空档，亚麻减针，1 个锁针，亚麻减针，挑最后一针的后半圈钩织引拔针。（减 16 针，107（129，147，157，187）针）

第 31 行（35 39、43、47）（正面）：重复第 29（33、37、41、45）行。（91（113，131，141，171）针）

第 33 行（37、41、45、49）（正面）：重复第 29（33、37、41、45）行。（75（97，115，125，155）针）

第 35 行（39、43、47、51）（正面）：重复第 29（33、37、41、45）行。（59（81，99，109，139）针）

仅适用于 S 码

打结。

仅适用于 M、L、XL、XXL 码

第 41（45，49，53）行（正面）：重复第 33（37，41，45）行。

仅适用于 M、L、XL 码

打结。

仅适用于 XXL 码

第 55 行（正面）：重复第 45 行。（107 针）

打结。

左领子

使用 3.25 毫米钩针和主色线，起 46（48，50，52，56）个锁针。

第 1 行：从钩针往回数的第 3 个锁针开始，从锁针的底部挑针，每个锁针钩织中长针，直到结束，翻面。（44（46，48，50，54）个中长针）

第 2 ~ 12（2 ~ 14，2 ~ 17，2 ~ 19，2 ~ 20）行：2 个锁针（不计入针数），重复钩织只挑后半圈的中长针直到结束。（44（46，48，50，54）针只挑后半圈的中长针）

在行 1 的最后一个中长针所在的锁针底部放记号。如正面行用别色记号标记第 2（2，3，3，2）行。

第 13（15，18，20，21）行：2 个锁针，只挑后半圈的中长针的 2 并 1，钩织只挑后半圈的中长针直到结束，翻面。（43（45，47，49，53）针）

第 14（16，19，21，22）行：2 个锁针，重复钩织只挑后半圈的中长针，翻面。

第 15（17，20，22，23）行：2 个锁针，只挑后半圈的中长针的 2 并 1，钩织只挑后半圈的中长针直到结束，翻面。（42（44，46，48，52）针）

第 16（18，21，23，24）行：2 个锁针，重复钩织只挑后半圈的中长针，翻面。

第 17（19，22，24，25）行：2 个锁针，只挑后半圈的中长针的 2 并 1，只挑后半圈的中长针，钩织只挑后半圈的中长针直到结束，翻面。（41（43，45，47，51）针）

第 18（20，23，25，26）行（正面）：2 个锁针，重复钩织只挑后半圈的中长针直到余 2 针，只挑后半圈的中长针的 2 并 1，翻面。（40（42，44，46，50）针）

第 19 ~ 48（21 ~ 52，24 ~ 57，26 ~ 61，27 ~ 66）行：再重复第 17 ~ 18（19 ~ 20，22 ~ 23，24 ~ 25，25 ~ 26）行 15（16，17，18，20）次。（行末余 10 针，48（52，57，61，66）针）

第 49 ~ 101（53 ~ 105，58 ~ 110，62 ~ 114，67 ~ 121）行：2 个锁针，重复钩织只挑后半圈的中长针。（10 针）

打结。

右领

准备行：保持正面朝上，从后领口中心开始，从起针的锁针的相反方向挑针，从被标记针目的后半圈拉出一个线圈，2 个锁针，重复钩织只挑后半圈的中长针。（46 针）

重复左领的第 1～48（1～52，1～57，1～61，1～66）行。

继续钩织罗纹边，每隔 10 行开一个扣眼：

第 49（53，58，62，67）行：2 个锁针，接下来的 3 针钩织只挑后半圈的中长针，2 个锁针，跳过接下来的 2 针，最后 5 针钩织只挑后半圈的中长针，翻面。（10 针）

第 50～58（54～62，59～67，63～71，68～76）行：2 个锁针，每针钩织只挑后半圈的中长针，翻面。（10 针）

再重复 49～58（53～53，58～67，62～67，67～76）行 4 次。

再重复 49～51（53～55，58～60，62～64，67～71）行 1 次。

收尾

使用主色线及缝针，缝合袖子与衣身腋下的开口。使用线尾及缝针，缝合袖下的侧边。

藏好所有的线尾。

连接衣领/门襟边

沿着边缘钩织可以增加毛衣前片的支撑结构，并使接缝整齐。边缘的钩织方法如下：

毛衣前襟/领边

使用 3.25 毫米钩针和主色线，从右前片的下角开始至配色图案的底部共挑针钩织 48（48、48、48、50）针短针，从前片的配色图案的底部至顶部的边缘挑针，24 个 1 锁针空档各钩织 1 个短针，沿着前领口边缘至肩膀交界处（减针线）挑针钩织 44（48，50，54，58）针短针，沿着后领口挑针钩织 30（34，40，46，50）针短针，从左肩至提花图案的顶部挑针钩织 44（48，50，54，58）针短针，从前片的配色图案顶部至底部的边缘挑针，24 个 1 锁针空档各钩织 1 个短针，沿着左前片的边缘至下角，挑针钩织 48（48、48、48、50）针短针。

打结。

领子/门襟边

将衣领/纽扣襟放在桌子上，使直边朝向你，左侧纽扣襟（无扣眼）朝向右侧。从标记的拐角使用主色线拉出 1 个线圈，沿着纽扣襟的边缘至领子减针的开始处，挑针钩织 72（72，72，72，74）针短针，沿着减针（斜线）至减针结束处，挑针钩织 44（48，50，54，58）针短针，挑针钩织

沿着后领口的直线部分挑针钩织 30（34，40，46，50）针短针，沿着另一条减针（斜线）至纽扣襟，挑针钩织 44（48，50，54，58）针短针，沿右侧纽扣襟挑针钩织 72（72，72，72，74）针短针。

使用主色线，将衣领或纽扣襟缝到毛衣的前片上。两条边的针数相同，按 1：1 对齐。

定型毛衣。

纽扣加固垫

第 1 圈：用 3.5 毫米钩针和主色线，起一个可调节的线圈，从线圈中钩 6 个短针，不引拔直接环形钩织。

第 2 圈：从每针钩织 2 针短针，与第 1 个短针引拔连接。

打结，留足够长的线尾。

将纽扣加固垫缝到左侧纽扣襟的反面，位置与扣眼对齐。使用缝针和缝线，穿过纽扣加固垫，将纽扣缝到左侧纽扣襟的正面。这样就形成了 1 个非常耐用的纽扣垫。

做 6 个加固垫。

（上接 109 页）

第 12 圈：1 个锁针，接下来的 18 针钩织中心短针，接下来的 2 针各钩织出 2 个中心短针，接下来的 24 针钩织中心短针，引拔连接。（46 针）

第 13～14 圈：1 个锁针，整圈钩织中心短针，引拔连接。

第 15 圈：1 个锁针，接下来的 19 针钩织中心短针，接下来的 2 针各钩织出 2 个中心短针，接下来的 25 针钩织中心短针，引拔连接。（48 针）

第 16～18 圈：1 个锁针，整圈钩织中心短针，引拔连接。

提示：可以在这里通过多钩或少钩几圈配色来改变连指手套手掌的长度，使其变长或变短。

第 19 圈（拇指孔）：接下来的 16 针各钩织 1 个中心短针，2 个锁针，跳过接下来的 10 针（作为拇指孔），在跳过的第 1 针放记号，接下来的 22 针各钩织 1 个中心短针。（40 针，不包括跳过的拇指针目）

第 20～38 圈：拇指部分同右手套。

收尾

使用缝针及线尾，闭合连指手套顶部的针目。使用拇指接线时的线尾，闭合拇指与手掌交接处的任何孔洞。藏好所有线尾，定型。

荒地开衫尺寸参考

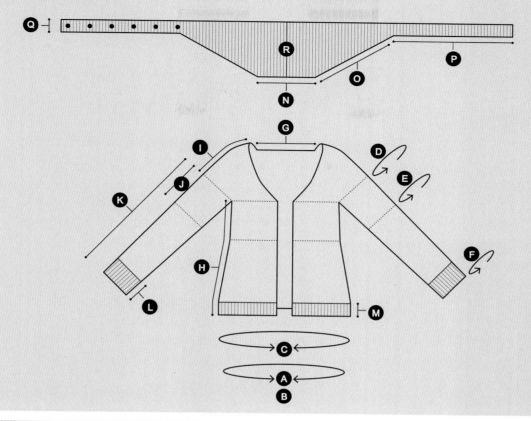

尺码	S	M	L	XL	XXL
A 胸围（不含门襟边）	82.5cm	94cm	106.5cm	116cm	132cm
B 胸围（含门襟边）	87.5cm	99cm	112cm	121cm	137cm
C 臀围（不含门襟边）	89cm	100.5cm	113.5cm	122.5cm	138.5cm
D 上臂围（配色图案顶部）	30.5cm	34.5cm	38cm	42cm	47.5cm
E 上臂围（配色图案底部）	28cm	32cm	35.5cm	38cm	43cm
F 袖口围	23cm	23.5cm	26cm	26cm	28cm
G 横开领	19cm	21.5cm	26.5cm	30cm	32cm
H 腋下衣长（从腋下至罗纹边底部）	42.5cm	42.5cm	43cm	43cm	44.5cm
I 肩宽	19cm	21.5cm	23.5cm	26.5cm	30cm
J 袖子的配色图案长度	13cm	13cm	13cm	13cm	13cm
K 袖长	48cm	49.5cm	49.5cm	51cm	51cm
L 袖口罗纹长度	7cm	7cm	7cm	7cm	7cm
M 下摆罗纹长针	4.5cm	4.5cm	4.5cm	4.5cm	4.5cm
N 领子后侧长度（领口中间部分）	19.5cm	23cm	27.5cm	30.5cm	32cm
O 领子侧边长度	30.5cm	33.5cm	35cm	37.5cm	42cm
P 门襟边长度	40.5cm	40.5cm	40.5cm	40.5cm	42cm
Q 门襟边宽度（当门襟边与毛衣前片连接时，增加0.5厘米）	4.5cm	4.5cm	4.5cm	4.5cm	4.5cm
R 领子后侧宽度（领口中间部分）	19.5cm	20cm	21cm	22cm	24cm

冰柱套头衫

这件基础款的圆育克套头衫很容易量身定制。育克的配色图案部分是通过递减钩针的针号来调整尺寸的，由于图案不会被减针打断，可以轻松地将这种提花针法替换成另一种针法（请参阅"替换和修改图解"P142）。另一个优点是配色图案的顶部边缘（领口处）是以密实的密度钩织的，这有利于领口定型，而配色图案的底部则因密度较小而有更好的悬垂性。

成品尺寸： S、M、L、XL、XXL、XXXL 码；胸围 81（91，99，108.5，117.5，127，135）厘米；稍贴身版；样品为中码，松量为 9 厘米。

提示： 最大的三个尺码允许前胸尺寸比后背大 5.75（7，8.25）厘米，以适应较大的胸围。

纱线： O Wool，O-Wash Sport（100%超耐洗有机美利奴羊毛；100 克 /278 米；CYCA #2）；主色 Devil's Pool 蓝，5（6，6，7，7，8，8）球；配色 Barn Owl 灰，1（1，1，1，2，2，2）球。

钩针： 3.5 毫米、3.25 毫米和 2.75 毫米。如有必要，可调整钩针针号，以获得正确的钩织密度。

配件： 记号；缝针。

钩织密度： 10 厘米 ×10 厘米 =22 针 ×16 圈，使用 2.75 毫米钩针钩织加长短针的配色图案。

10 厘米 ×10 厘米 =17.5 针 ×15 圈，使用 3.25 毫米钩针钩织单色的加长短针。

10 厘米 ×10 厘米 =17.5 针 ×15 圈，使用 3.5 毫米钩针制作加长短针的配色图案。

注意： 在确定了两种配色图案的钩织密度后，请使用介于这两种密度之间的中号钩针。

为何选择这款线

这种纱线光滑而有弹性，悬垂性很好，此线与荒地开衫的纱线截然不同，因为我想在书中展示两种风格截然不同的毛衣！

提示

这件毛衣具有惊人的伸展性（宽度最多可增加8%～10%）。当然，配色图案部分的伸展性没有那么大。

密度提示： 如果你确定了配色钩织部分的最小和最大钩针的尺寸，那么你可以放心地使用介于最小和最大钩针之间的中间针号的钩针来测试非配色部分的钩织密度。大部分人钩配色钩织时会偏紧，所以从配色钩织转为单色钩织的时候，通常要换小一个针号，以保持密度一致。当然，每个人钩织的松紧都不同，也有可能出现相反的情况。

在钩织罗纹边时，为了使边缘更整齐，可以钩2个紧密的锁针作为翻面的起立针。这2个锁针不用于下一行的入针，所以钩得紧一些也没关系。

我更喜欢使用罗纹边与毛衣边缘边钩边连接的方法，这样可以让它有最大的伸展性。如果你的罗纹边是另外缝上去的，伸展性就会受到缝线的限制。但是，当你来回翻面钩织罗纹边时，你需要翻转整件织物。这可能会很麻烦，所以我开发了一种类似于翻书的技巧：钩编完罗纹边的正面行，并与边缘作引拔连接后，将钩针握在顶部边缘，将织物与钩针一起翻面（就像倒着翻书一样）。现在织物翻到了下一行的正确方向，但钩针却指向了错误的方向，将线尾从钩针下方绕过织物边缘转到背面，然后继续以逆时针方向将钩针旋转180度（从顶部看），直到钩针指向正确的方向。

减针图解： 为了保持配色图案的均匀，每个尺码对应的育克顶部的减针都发生在不同的位置。

请确保你使用了正确的图解，并且在完成图解后不要忘记完成育克部分（大多数尺码都有额外几圈要钩织，因为它们是纯色的，所以没画在图解里）。灰色的方格是1个占位符号，并不代表1针。带斜线的灰色方格代表的是加长短针的2并1的第1条腿，所以织到这个格子时，请将接下来的2针钩织成1个加长短针的2并1。减针时始终使用主色线。

定型提示： 毛衣完成后一定要进行定型。这将使育克的减针更均匀，优化配色图案，并使育克与衣身的过渡平滑。当这件毛衣变湿时，它很容易纵向拉伸，在晾干之前，花点时间将它调整到正确的尺寸。

针法指南

加长短针： 将钩针送入下一针，挂线拉出1个线圈，挂线从第1个线圈拉出，挂线从2个线圈拉出。

改良的加长短针的2并1： 这个针法在接下来的2针上进行，针数会减少1针。将钩针送入下一针头部的前半圈下方，然后将钩针送入下一针头部的2个线圈下方（跟往常一样从前到后入针），挂线拉出1个线圈，挂线从第1个线圈拉出，挂线从2个线圈拉出。

图解符号

每个方格代表1针。此作品的图解均从右向左阅读（左利手将图解水平翻转复印，或在镜子里阅读图解，从左向右钩织）。

冰柱育克图解，所有尺寸通用

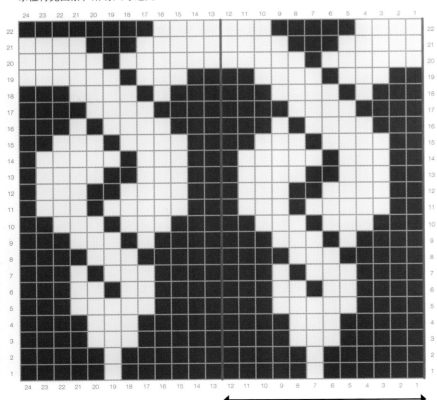

红线内的区域钩织17（19、21、23、25、27、29）次

钩针编织配色图典　现代提花图案150例

套头衫教程

育克

从下往上钩织。使用 3.5 毫米钩针和主色线，起 217（241，265，289，313，337，361）个锁针。

准备行：从往回数第 2 个锁针开始，从锁针的底部挑针，每个锁针钩织 1 个加长短针。（216（240，264，288，312，336，360）针）

在每圈的第 1 针放记号，不作引拔连接直接环形钩织，每针都钩织加长短针，完成冰柱育克图解的第 1～11 圈。（共 18（20，22，24，26，28）个冰柱图案）

换成 3.25 毫米钩针，完成冰柱图解的第 12～17 圈。

换成 2.75 毫米钩针，完成冰柱图解的第 18～22 圈。

育克减针

提示：为了保持编织密度的一致性，哪怕在不需要换色的钩织圈，也包裹着非工作线钩织。

仅适用于 XS 码

从冰柱减针图解 XS 码开始钩织。

第 1 圈：[接下来 4 针钩织加长短针，加长短针的 2 并 1，接下来 6 针钩织加长短针] 20 次。（198 针）

第 2 圈：整圈钩织加长短针。

第 3 圈：[接下来 8 针钩织加长短针，加长短针的 2 并 1，下一针钩织加长短针] 20 次。（180 针）

第 4～5 圈：整圈钩织加长短针。

第 6 圈：使用主色线继续包裹着配色线钩织以增加稳定性，[接下来的 16 针钩织加长短针，加长短针的 2 并 1] 10 次。（170 针）

不要打结，继续钩织领口的罗纹边。

仅适用于 S 码

从冰柱减针图解 S 码开始钩织。

第 1 圈：[接下来 4 针钩织加长短针，加长短针的 2 并 1，接下来 5 针钩织加长短针] 21 次。（221 针）

第 2 圈：整圈钩织加长短针。

第 3 圈：[接下来 8 针钩织加长短针，加长短针的 2 并 1，下一针钩织加长短针] 21 次。（200 针）

第 4 圈：整圈钩织加长短针。

第 5 圈：[接下来 2 针钩织加长短针，加长短针的 2 并 1，接下来 7 针钩织加长短针] 21 次。（180 针）

第 6 圈：使用主色线继续包裹着配色线钩织，以增加稳定性，[接下来的 16 针钩织加长短针，加长短针的 2 并 1] 10 次。（170 针）

断掉配色线，不要打结，继续钩织领口的罗纹边。

冰柱减针图解 XS 码

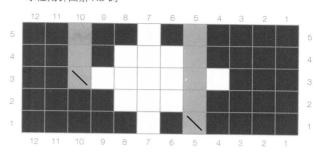

冰柱减针图解 S 码

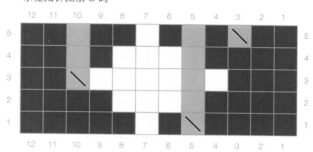

冰柱减针图解 M 码

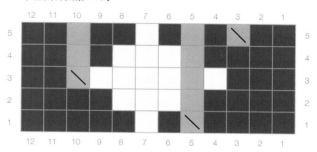

仅适用于 M 码

冰柱减针图解 M 码开始钩织。

第 1 圈：[接下来 4 针钩织加长短针，加长短针的 2 并 1，接下来 6 针钩织加长短针] 22 次。（242 针）

第 2 圈：整圈钩织加长短针。

第 3 圈：[接下来 8 针钩织加长短针，加长短针的 2 并 1，下一针钩织加长短针] 22 次。（220 针）

第 4 圈：整圈钩织加长短针。

第 5 圈：[接下来 2 针钩织加长短针，加长短针的 2 并 1，接下来 6 针钩织加长短针] 22 次。（198 针）

第 6 圈：使用主色线继续包裹着配色线钩织，以增加稳定性，整圈钩织加长短针。

第 7 圈：[接下来 7 针钩织加长短针，加长短针的 2 并 1] 22 次。（176 针）

第 8 圈：整圈钩织加长短针。

断掉配色线，不要打结，继续钩织领口的罗纹边。

仅适用于 L 码

从冰柱减针图解 L 码开始钩织。

第 1 圈：［接下来 4 针钩织加长短针，加长短针的 2 并 1，接下来 6 针钩织加长短针］24 次。（264 针）

第 2 ~ 3 圈：整圈钩织加长短针。

第 4 圈：［接下来 7 针钩织加长短针，加长短针的 2 并 1，接下来 2 针钩织加长短针］24 次。（240 针）

第 5 ~ 6 圈：整圈钩织加长短针。

第 7 圈：［下一针钩织加长短针，加长短针的 2 并 1，接下来 7 针钩织加长短针］24 次。（216 针）

第 8 圈：使用主色线继续包裹着配色线钩织，以增加稳定性，然后整圈钩织加长短针。

第 9 圈：［接下来 7 针钩织加长短针，加长短针的 2 并 1］24 次。（192 针）

第 10 圈：整圈钩织加长短针。

第 11 圈：［接下来 14 针钩织加长短针，加长短针的 2 并 1］12 次。（180 针）

断掉配色线，不要打结，继续钩织领口的罗纹边。

仅适用于 XL 码

从冰柱减针图解 XL 码开始钩织。

第 1 圈：［接下来 4 针钩织加长短针，加长短针的 2 并 1，接下来 6 针钩织加长短针］26 次。（286 针）

第 2 ~ 4 圈：整圈钩织加长短针。

第 5 圈：［接下来 8 针钩织加长短针，加长短针的 2 并 1，下一针钩织加长短针］26 次。（260 针）

第 6 ~ 7 圈：整圈钩织加长短针。

第 8 圈：这一圈育克前片的减针多于后片。使用主色线，继续包裹着配色线钩织以增加育克余下部分的稳定性，［接下来 4 针钩织加长短针，加长短针的 2 并 1，接下来 10 针钩织加长短针，加长短针的 2 并 1，接下来 5 针钩织加长短针］5 次，［接下来 3 针钩织加长短针，加长短针的 2 并 1，接下来 4 针钩织加长短针］15 次。（在离第 8 次图案重复中心最近的冰柱正下方，育克的底部放记号）接下来 4 针钩织加长短针，加长短针的 2 并 1，接下来 4 针钩织加长短针。（234 针）

记号提示了育克前片的中心位置。稍后请按照提示的方法，利用这个记号来确定育克后片的中心位置。

第 9 ~ 11 圈：整圈钩织加长短针。（234 针）

第 12 圈：这圈育克前片的减针多于后片。［下一针钩织加长短针，加长短针的 2 并 1，接下来 9 针钩织加长短针，加长短针的 2 并 1，接下来 7 针钩织加长短针］5 次，［下一针钩织加长短针，加长短针的 2 并 1，接下来 5 针钩织加长短针］15 次，下一针钩织加长短针，加长短针的 2 并 1，接下来 6 针钩织加长短针。（208 针）

第 13 ~ 14 圈：整圈钩织加长短针。

冰柱减针图解 L 码

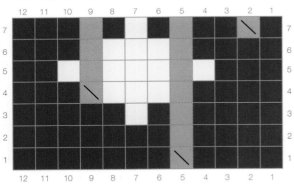

冰柱减针图解 XL 码

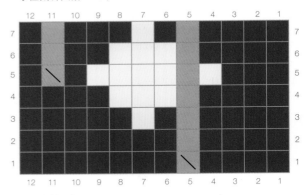

冰柱减针图解 XXL 码

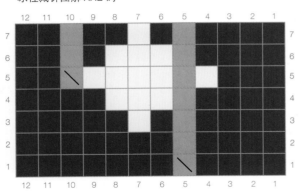

冰柱减针图解 XXXL 码

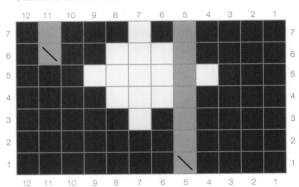

第 15 圈：[接下来 6 针钩织加长短针，加长短针的 2 并 1] 8 次。（182 针）

第 16 圈：整圈钩织加长短针。

断掉配色线，不要打结，继续钩织领口的罗纹边。

仅适用于 XXL 码

从冰柱减针图解 XXL 码开始钩织。

第 1 圈：[接下来 4 针钩织加长短针，加长短针的 2 并 1，接下来 6 针钩织加长短针] 28 次。（308 针）

第 2 ~ 4 圈：整圈钩织加长短针。

第 5 圈：[接下来 9 针钩织加长短针，加长短针的 2 并 1] 28 次。（280 针）

第 6 ~ 7 圈：整圈钩织加长短针。

第 8 圈：使用主色线，继续包裹着配色线钩织以增加育克余下部分的稳定性，整圈钩织加长短针。

第 9 圈：这一圈育克前片的减针多于后片。[接下来 5 针钩织加长短针，加长短针的 2 并 1，接下来 5 针钩织加长短针] 10 次，接下来 2 针钩织加长短针，[接下来 3 针钩织加长短针，加长短针的 2 并 1，接下来 7 针钩织加长短针，加长短针的 2 并 1，接下来 3 针钩织加长短针] 8 次。（在离第 5 次图案重复中心最近的冰柱正下方，育克的底部放记号），接下来 3 针钩织加长短针，加长短针的 2 并 1，接下来 10 针钩织加长短针，加长短针的 2 并 1，接下来 5 针钩织加长短针。（252 针）

记号提示了育克前片的中心位置。稍后请按照提示的方法，利用这个记号来确定育克后片的中心位置。

第 10 ~ 12 圈：整圈钩织加长短针。

第 13 圈：[接下来 7 针钩织加长短针，加长短针的 2 并 1] 28 次。（224 针）

第 14 ~ 16 圈：整圈钩织加长短针。

第 17 圈：这一圈育克前片的减针多于后片。[接下来 4 针钩织加长短针，加长短针的 2 并 1，接下来 4 针钩织加长短针] 10 次，下一针钩织加长短针，[接下来 3 针钩织加长短针，加长短针的 2 并 1，接下来 2 针钩织加长短针，接下来 2 针钩织加长短针，加长短针的 2 并 1，接下来 2 针钩织加长短针] 8 次，接下来 3 针钩织加长短针，加长短针的 2 并 1，接下来 3 针钩织加长短针。（196 针）

第 18 ~ 19 圈：整圈钩织加长短针。

第 20 圈：[接下来 2 针钩织加长短针，加长短针的 2 并 1] 14 次。（182 针）

断掉配色线，不要打结，继续钩织领口的罗纹边。

仅适用于 XXXL 码

从冰柱减针图解 XXXL 码开始钩织。

第 1 圈：[接下来 4 针钩织加长短针，加长短针的 2 并 1，接下来 6 针钩织加长短针] 30 次。（330 针）

第 2 ~ 5 圈：整圈钩织加长短针。

第 6 圈：[接下来 9 针钩织加长短针，加长短针的 2 并 1] 30 次。（300 针）

第 7 圈：整圈钩织加长短针。

第 8 ~ 10 圈：使用主色线，继续包裹着配色线钩织以增加育克余下部分的稳定性，整圈钩织加长短针。

第 11 圈：这圈育克前片的减针多于后片。[接下来 5 针钩织加长短针，加长短针的 2 并 1，接下来 5 针钩织加长短针] 11 次，接下来 2 针钩织加长短针，[接下来 3 针钩织加长短针，加长短针的 2 并 1，接下来 7 针钩织加长短针，加长短针的 2 并 1，接下来 3 针钩织加长短针] 9 次，（在离第 5 次图案重复中心最近的冰柱正下方，育克的底部放记号），接下来 6 针钩织加长短针，加长短针的 2 并 1，接下来 5 针钩织加长短针。（270 针）

记号提示了育克前片的中心位置。稍后请按照提示的方法，利用这个记号来确定育克后片的中心位置。

第 12 ~ 15 圈：整圈钩织加长短针。

第 16 圈：[接下来 7 针钩织加长短针，加长短针的 2 并 1] 30 次。（240 针）

第 17 ~ 20 圈：整圈钩织加长短针。

第 21 圈：这圈育克前片的减针多于后片。[接下来 3 针钩织加长短针，加长短针的 2 并 1，接下来 8 针钩织加长短针，加长短针的 2 并 1，接下来 4 针钩织加长短针] 5 次，接下来 4 针钩织加长短针，加长短针的 2 并 1，接下来 8 针钩织加长短针，[接下来 2 针钩织加长短针，加长短针的 2 并 1，接下来 5 针钩织加长短针，加长短针的 2 并 1，接下来 2 针钩织加长短针] 9 次，接下来 7 针钩织加长短针，加长短针的 2 并 1，接下来 5 针钩织加长短针。（210 针）

第 22 ~ 23 圈：整圈钩织加长短针。

第 24 圈：[接下来 8 针钩织加长短针，加长短针的 2 并 1] 20 次，接下来 10 针钩织加长短针。（190 针）

断掉配色线，不要打结，继续钩织领口的罗纹边。

领口罗纹边

按照下面的方法，在领口钩织引拔针的同时钩织罗纹边：

第 1 行：10 个锁针，从钩针往回数第 3 个锁针开始，从锁针的底部挑针，从每个锁针钩织中长针。（8 针）

第 2 行：领口接下来 3 针钩织引拔针（引拔针不计入针数），旋转织物，从罗纹边的每个中长针钩织 1 个只挑后半圈的中长针（方法如下：将钩针送入领口边缘挑针的倒数第 2 个引拔针，挂线拉出 1 个线圈，将钩针送入刚钩好的引拔针的后半圈下方，挂线拉出 1 个线圈，挂线从钩针上的 3 个线圈一起拉出，完成第 1 个只挑后半圈的中长针——这个方法可以减少罗纹边与领口边缘的缝隙，接下来的 7 针中长针钩织只挑后半圈的中长针。（8 针）

第 3 行：2 个锁针，翻面，沿着罗纹边钩织只挑后半圈的中长针。（8 针）

第 4 行：领口接下来 4 针钩织引拔针（引拔针不计入针数），旋转织物，从罗纹边的每个中长针钩织 1 个只挑后半圈的中长针（方法如下：将钩针送入领口挑针的倒数第 2 个引拔针，挂线拉出 1 个线圈，将钩针送入则钩好的引拔针的后半圈下方，挂线拉出 1 个线圈，挂线从钩针上的 3 个线圈一起拉出，完成第 1 个只挑后半圈的中长针），接下来的 7 针中长针钩织只挑后半圈的中长针。（8 针）

第 5 行：2 个锁针，翻面，沿着罗纹边钩织只挑后半圈的中长针。（8 针）

沿着领口重复第 2 ~ 5 行，直到领口余 2（2，1，5，0，0，0）针。

注意：对于 XL、XXL、XXXL 码，在完成第 4 行后结束，不要钩织第 5 行的最后一次重复。

仅适用于 L 码

再重复第 2 ~ 3 行 1 次。

仅适用于 XS 码（S、M、L 码）

领口接下来 2（2，1，2）针钩织引拔针（引拔针不计入针数），旋转织物，从罗纹边的每个中长针钩织 1 个只挑后半圈的中长针（方法如下：将钩针送入领口边缘挑针的最后一个引拔针，挂线拉出 1 个线圈，将钩针送入则钩好的引拔针的后半圈下方，挂线拉出 1 个线圈，挂线从钩针上的 3 个线圈一起拉出），从接下来的 7 针中长针钩织只挑后半圈的中长针。（8 针）

所有尺寸通用

缝合行：1 个锁针，翻面，将起针行的锁针放在刚钩织好的这一行后方。挑取最后一行每一针的 2 个线圈，与起针行每个锁针的后半圈作引拔连接。（8 个引拔针）

打结。

引返塑形（在育克底部）

提示：所有的引返行都是看着正面行钩织的。按提示打结。

为了少藏一些线尾，在下一圈遇到时可以包裹着它们来钩织。在引返行的结束处，甚至可以将前一行的线尾往

回放，包裹着它们来钩织。

在育克底部放记号，标记后中心位置——育克的开始圈和罗纹边与领口的引拔缝合，应位于作品的后侧（我偏好于将它们放在其中一个肩膀的交界处，而不是靠近后中心的位置）。后中心的位置，应该正对着一个冰柱图案的顶部（记号标记在冰柱尖点正下方的针目上）。对于加大码（加加大码，加加加大码）毛衣，你已经标记出了前中心位置，直接找到它正对面的冰柱图案的尖点即可。将育克底朝上倒过来，从起针边编织，换成 3.25 毫米钩针。

引返第 1 行：从记号往回数，从记号前的第 9（10，12，15，17，19，22）针用主色线拉出 1 个线圈，1 个锁针（起立针在此处和整个过程都不计入针数），从同一个被标记针目开始接下来的 19（21，25，31，35，39，45）针钩织加长短针。

打结。保留后育克中心的记号，以确保引返行是对称操作的。

引返第 2 行：从引返第 1 行的第 1 针往回数第 13（13，14，14，15，16，17）针拉出 1 个线圈，1 个锁针，从同一针开始，接下来的 13（13，14，14，15，16，17）针钩织加长短针，从前一行引返行的接下来 19（21，25，31，35，39，45）针钩织加长短针，接下来的 13（13，14，14，15，16，17）针钩织加长短针。

打结。

引返第 3 行：从引返第 2 行的第 1 针往回数第 13（13，14，14，15，16，17）针拉出 1 个线圈，1 个锁针，从同一针开始接下来的 13（13，14，14，15，16，17）针钩织加长短针，从前一行引返行的接下来的 45（47，53，59，65，71，79）针钩织加长短针，接下来的 13（13，14，14，15，16，17）针钩织加长短针打结。

引返第 4 行：从引返第 3 行的第 1 针往回数第 13（13，14，14，15，16，17）针拉出 1 个线圈，1 个锁针，从同一针开始接下来的 13（13，14，14，15，16，17）针钩织加长短针，从前一行引返行的接下来的 71（73，81，87，95，103，113）针钩织加长短针，接下来的 13（13，14，14，15，16，17）针钩织加长短针。

打结。

引返第 5 行：从引返第 4 行的第 1 针往回数第 13（13，14，14，15，16，17）针拉出 1 个线圈，1 个锁针，从同一针开始接下来的 13（13，14，14，15，16，17）针钩织加长短针，从前一行引返行的接下来的 97（99，109，115，125，135，147）针钩织加长短针，接下来的 13（13，14，14，15，16，17）针钩织加长短针。（引返行共 123（125，137，143，155，167，181）针）

在这行引返行的第 30（27，29，29，33，36，40

针处放记号。打结。

从同一个被标记针目开始，拉出 1 个线圈，1 个锁针，沿着后片钩织 65（73，81，87，91，97，103）针加长短针，腋下钩织 4（4，4，5，5，6，6）针锁针，跳过接下来的 42（46，51，56，60，65，70）针（袖子休针），沿着前片钩织 67（75，81，89，101，109，117）针加长短针，4 个锁针，跳过接下来的 42（46，51，56，60，65，70）针（袖子休针），不引拔连接，直接从这一圈的第 1 针继续环形钩编，放记号以跟踪一圈的起点。

钩织 48（48，48，50，50，52，54）圈，直到腋下至腰际约长约 32（32，32，33，33，34.5，35.5）厘米。不要打结。

提示：罗纹会使衣身长度再增加 5 厘米，而且定型也会增加腋下的衣长（见关于定型的提示）。

罗纹边

按照下面的方法，在毛衣底边钩织引拔针的同时钩织罗纹边：

第 1 行：16 个锁针，从钩针往回数第 3 个锁针开始，从锁针的底部挑针，每个锁针钩中长针。（14 针）

第 2 行：从底部边缘接下来的 2 针钩织引拔针（引拔针不计入针数），旋转织物，接下来的 14 个中长针钩织只挑后半圈的中长针。（14 针）

第 3 行：2 个锁针，翻面，沿着罗纹边钩织只挑后半圈的中长针。（14 针）

在底边重复第 2 行和第 3 行，直到剩下 2 针。

再重复第 2 行 1 次。

缝合行：1 个锁针，翻面，将起针行的锁针放在刚钩织好的这一行后方。挑取最后一行每 1 针的 2 个线圈，与起针行每个锁针的后半圈作引拔连接。（14 个引拔针）

打结。

袖子

第 1 圈：从腋下中心被标记针目之前的第 2（2，2，2，2，3，3）针锁针底部拉出 1 个线圈，1 个锁针（不计入针数），从腋下接下来的 2（2，2，2，2，3，3）针钩织加长短针，衣身与袖子相接处钩织 1 个加长短针，被标记针目及手臂接下来的 41（45，50，55，59，64，69）针钩织加长短针，衣身与袖子相接处钩织 1 个加长短针，从腋下中心余下的 2（2，2，3，3，3，3）针锁针的底部各钩织 1 个加长短针，不引拔直接环形钩织，放记号标记 1 圈的起点。（手臂一圈共 48（52，57，63，67，73，78）针）

仅适用于 XS 码

第 2~8 圈：整圈钩织加长短针。

第 9 圈：改良的加长短针的 2 并 1，整圈钩织加长短针，直到余 2 针，改良的加长短针的 2 并 1。（46 针）

第 10~26 圈：整圈钩织加长短针。

重复第 9~26 圈。（44 针）

重复第 9~22 圈。（42 针）

不要打结。

仅适用于 S 码

第 2~8 圈：整圈钩织加长短针。

第 9 圈：改良的加长短针的 2 并 1，整圈钩织加长短针，直到余 2 针，改良的加长短针的 2 并 1。（50 针）

第 10~18 圈：整圈钩织加长短针。

再重复第 10~18 圈 4 次。（最终 42 针）

不要打结。

仅适用于 M 码

第 2~8 圈：整圈钩织加长短针。

第 9 圈：改良的加长短针的 2 并 1，整圈钩织加长短针，直到余 2 针，改良的加长短针的 2 并 1。（55 针）

第 10~18 圈：整圈钩织加长短针。

再重复第 9~18 圈 4 次。（最终 47 针）

重复第 9~11 圈。（最终 45 针）

不要打结。

仅适用于 L 码

第 2~4 圈：整圈钩织加长短针。

第 5 圈：改良的加长短针的 2 并 1，整圈钩织加长短针，直到余 2 针，改良的加长短针的 2 并 1。（61 针）

第 6~10 圈：整圈钩织加长短针。

重复第 5~10 圈 8 次。（最终 45 针）

不要打结。

仅适用于 XL 码

第 2~3 圈：整圈钩织加长短针。

第 4 圈：改良的加长短针的 2 并 1，整圈钩织加长短针，直到余 2 针，改良的加长短针的 2 并 1。（65 针）

第 5~9 圈：整圈钩织加长短针。

再重复第 4~9 圈 8 次。（最终 49 针）

重复第 4~6 圈。（最终 47 针）

不要打结。

仅适用于 XXL 码

第 2 ~ 6 圈：整圈钩织加长短针。

第 7 圈：改良的加长短针的 2 并 1，整圈钩织加长短针，直到余 2 针，改良的加长短针的 2 并 1。(71 针)

第 8 ~ 10 圈：整圈钩织加长短针。

再重复第 7 ~ 10 圈 12 次。(最终 47 针)

不要打结。

仅适用于 XXXL 码

第 2 圈：整圈钩织加长短针。

第 3 圈：改良的加长短针的 2 并 1，整圈钩织加长短针，直到余 2 针，改良的加长短针的 2 并 1。(76 针)

第 4 ~ 6 圈：整圈钩织加长短针。

再重复第 3 ~ 6 圈 13 次。(最终 50 针)

不要打结。

袖克夫

按照下面的方法，在袖子底边钩织引拔针的同时钩织罗纹边：

第 1 行：22 个锁针，从钩针往回数第 3 个锁针开始，从锁针的底部挑针，从每一个锁针钩织中长针。(20 针)

第 2 行：从手腕开口（袖子底边）接下来的 2 针钩织引拔针（引拔针不计入针数），旋转织物，从接下来的 20 个中长针钩织只挑后半圈的中长针。(20 针)

第 3 行：2 个锁针，翻面，沿着罗纹边钩织只挑后半圈的中长针。(20 针)

沿着手腕开口重复第 2 ~ 3 行，直到余 1 针。

手腕开口的最后一针钩织引拔针。旋转织物，接下来的 20 个中长针钩织只挑后半圈的中长针。(20 针)

缝合行：1 个锁针，翻面，将起针行的锁针放在刚钩织好的这行后方。挑取最后一行每一针的 2 个线圈，与起针行每个锁针的后半圈作引拔连接。(29 个引拔针)

打结。

收尾

利用线尾缝合腋下的所有缝隙。藏好所有松散的线尾。定型（见提示）。

水柱套头衫尺寸参考

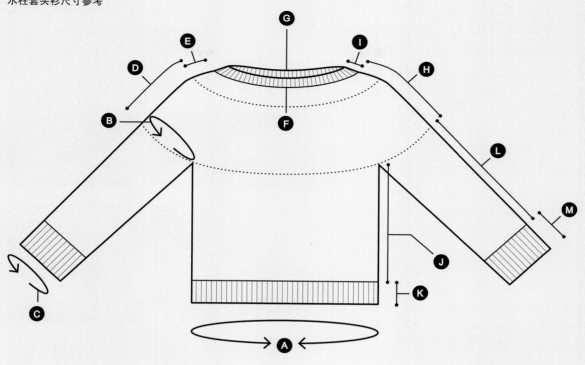

尺码	XS	S	M	L	XL	XXL	XXXL
A 胸围	81cm	91cm	99cm	108.5cm	117.5cm	127cm	135cm
B 上臂围	28cm	30.5cm	33cm	37cm	39cm	42.5cm	45.5cm
C 袖口围	24cm	24.5cm	26cm	26cm	27.5cm	27.5cm	29cm
D 育克的配色图案长度	16cm	16cm	16cm	16cm	16cm	16cm	16cm
E 配色图案上方的长度（罗纹之前）	4cm	4cm	4.5cm	6.5cm	9cm	11.5cm	13.5cm
F 增加领口罗纹前的领口周长	78.5cm	78cm	81cm	82.5cm	84cm	84cm	87.5cm
G 增加领口罗纹后的领口周长	63.5cm	63.5cm	66cm	67.5cm	68cm	68cm	71cm
H 育克总长度	19.5cm	19.5cm	20cm	22cm	24.5cm	27.5cm	29cm
I 领口罗纹宽度	3cm	3cm	3cm	3cm	3cm	3cm	3cm
J 定型前的腋下衣长	32cm	32cm	32cm	33cm	33cm	34cm	35.5cm
J 定型后的腋下衣长	33cm	33cm	33cm	34cm	34cm	35.5cm	37cm
K 下摆罗纹宽度	5cm	5cm	5cm	5cm	5cm	5cm	5cm
L 袖长	38cm	38cm	39.5cm	38cm	39.5cm	38cm	37cm
M 袖克夫宽度	7.5cm	7.5cm	7.5cm	7.5cm	7.5cm	7.5cm	7.5cm

如何修正配色钩织中的错误

如果发现了上一圈错误，是可以在当前这一圈来修正的。但这只适合中心短针、加长短针、中心分割加长短针和外钩长针。由于条纹短针的前半圈不挑针，所以不适合。

中心短针的修正

1. 在当前这圈完成上一圈发生错误针目的前一针，使用下一针的颜色完成最后一个挂线动作。案例中下一针是蓝色，所以用蓝色来挂线。

2. 将钩针从正面送入反面，从错误针目的底部（"V"字的底点）入针，使用正确颜色来挂线，以更正错误的颜色（A）。

3. 拉出 1 个线圈。将钩针送入错误针目的 2 "腿" 之间（就像要钩正常的中心短针一样），使用下一针该使用的正确颜色来挂线（B）。

4. 从错误的针目拉出 1 个线圈，从钩针上的下一个线圈拉出。使用当前行所要钩的颜色完成挂线的动作（C）。

5. 从 2 个线圈一起拉出：错误的针目已被修正，且完成了当前这圈的下一个中心短针（D）。

加长短针的修正

1. 在当前这圈完成上一圈发生错误针目的前一针，使用下一针的颜色（案例中是蓝色）完成最后一个挂线动作。

2. 钩针从正面送入反面，从错误针目的底部（在 "V" 字的底点）入针，如箭头所指位置（E）。

3. 使用更正的颜色来挂线（F），拉出 1 个线圈。将钩针送入同一个错误针目的顶部 2 "腿" 之间（就像要钩正常的加长短针一样），用相同的颜色（G）挂线并拉出 1 个线圈，从钩针上的第 1 个线圈拉出（钩针上有 2 个线圈）（H）。

4. 将钩针送入错误针目的头部下方（就像开始钩加长短针一样），用当前行所要钩的下一针的颜色（案例中为蓝色）挂线（I）。

5. 从错误针目拉出 1 个线圈，并从钩针上的下一个线圈拉出。使用相同颜色（J）挂

线，从一个线圈拉出。

6. 用相同颜色挂线，从两个线圈一起拉出：错误的针目已被修正，且完成了当前这一圈的下一个加长短针（K）。

中心分割加长短针的修正

1. 在当前这一圈完成上一行发生错误针目的前一针，使用下一针的颜色完成最后一个挂线动作。案例中下一针是白色，所以用白色来挂线。

2. 将钩针从正面送入反面，从错误针目的底部入针（"V"字的底点）。使用正确颜色来挂线（案例中为蓝色），以更正错误的颜色（H）

3. 拉出1个线圈。将钩针送入错误针目顶部的2"腿"之间（就像要钩1个正常的分割加长短针一样），使用相同颜色（I）拉出1个线圈，从钩针上的第1个线圈拉出（钩针上有2个线圈）。

4. 将钩针送入错误针目的头部下方（就像开始钩一个加长短针一样），用当前行所要钩的下一针的颜色（案例中为白色）挂线（J）。

5. 从错误针目拉出1个线圈，并从钩针上的下一个线圈拉出。使用相同颜色挂线，从1个线圈拉出。

6. 用相同颜色挂线，从2个线圈一起拉出：错误的针目已被修正，且完成了当前这一圈的下一个分割加长短针（K）。

外钩长针的修正

1. 在当前这一圈完成上一行发生错误针目的前一针，使用下一针的颜色完成最后一个挂线动作。案例中下一针是蓝色，所以用蓝色来挂线。

2. 替换的针柱需要包绕固定在与错误针目相同的入针位置。箭头所示为钩针的入针位置（L）。

3. 使用更正的颜色来挂线，将钩针从前向后再向前，从右到左（左利手钩针从前向后再向前，从左到右）包绕着错误针目下方的针柱操作。使用替换的颜色挂线（M）。

4. 将线圈反向带出（从针柱的后方绕到前方），用相同的颜色挂线，从两个线圈拉出。使用当前行所要钩的下一针的颜色挂线（N），拉出1个线圈。

5. 使用相同颜色挂线。如箭头所示（O），将钩针包绕着错误针目和新针目的针柱，使用相同颜色挂线，包裹住旧的颜色（P）。

6. 将绕在针柱后方的线圈往回带到前方，用相同颜色挂线，从2个线圈拉出。使用相同颜色挂线，从最后3个线圈一起拉出，错误的针目已被修正，且完成了当前这一圈的下一个外钩长针（Q）。

平针绣

如果错误发生在好几圈之前，或者想稍后再修正错误，你可以随时在错误的针上添加平针绣。这个方法并不适合于条纹短针，因为它的前半圈不挑针，但是对于其他提花针法，平针绣是个很棒的选择——它能很好地融入图案，而且很容易完成，你只需记得修正即可。用记号来标出发现问题的位置可能会有所帮助，这样就不需要事后再去寻找。

中心短针的平针绣

这个方法就跟棒针编织中的平针绣一样，准备缝针，穿上正确颜色的毛线。

1. 将缝针从反面至正面从错误针目的"V"形底部穿出，再从右往左，从它上方针目的2个线圈穿出（左利手从左向右穿出）（A）。

2. 将缝针从正面至反面穿回到错误针目的底部（B）。藏线尾。错误的颜色已经看不见了（C）！

加长短针的平针绣

这与中心短针的平针绣非常相似，唯一不同的是，你要制作两个"V"形，第2个"V"对齐叠放在第1个"V"之上。

1. 使用缝针和正确颜色的毛线，将缝针从反面至正面从错误针目的"V"形底部穿出，再从右往左（左利手从左向右穿出）从它顶部"V"上方的竖线下方穿出（D）。

2. 缝针从正面至反面穿回到错误针目的底部（E）。

3. 接下来，将缝针从反面至正面从错误针目底部的"V"形穿出，再穿到平针绣形成的上方"V"形的两线圈后方（F）。

4. 将缝针穿回针目底部的反面，完成第2个（下方）的平针绣的后半步骤。现在，错误的针目已被修正（G）。

钩针编织配色图典 现代提花图案150例

中心分割加长短针的平针绣

同样，你要做两个"V"形，第2个"V"对齐叠放在第1个"V"之上。

1. 使用缝针和正确颜色的毛线，将缝针从反面至正面从错误针目的"V"形底部穿出，再从右往左（左利手从左向右穿出）从它上方的竖线下方穿出（H）。

2. 缝针从正面至反面穿回到错误针目的底部（I）。

3. 将缝针从反面至正面从错误针目底部的"V"形穿出，再穿到平针缝形成的上方"V"形的两线圈后方（J）。

4. 将缝针穿回针目底部的反面，完成第2个（下方）的平针绣的后半步骤。现在，错误的针目已被修正（K）。

外钩长针的平针绣

对于这种针法，使用钩针和正确颜色的毛线，在错误的针柱上方钩1个外钩长针。

1. 将钩针送入错误针目之前的凹槽（针目之间的凹槽），从横线的下方入针（由下至上），挂线（L），然后拉出1个线圈，再钩1个锁针（M）。

2. 挂线，将钩针包绕着错误针目下方的针柱（就像钩1个正常的外钩长针一样），然后按以下方法完成正常的外钩长针：挂线（N）。

3. 从针柱后方把线圈带到前方，挂线（O）从2个线圈拉出，挂线从2个线圈拉出（P）。打结。

4. 使用线尾，将新针柱的顶部和左侧固定到后方的织物上。藏线尾。完成针目的修正。

替换和修改图解

要想做自己喜欢的东西，替换或变化花样是常有的事。本章将帮助你根据自己的喜好修改图解，让你按自己需要的方式创作！

直接替换

用相同尺寸的配色图案来替换另一张配色图案，是定制作品的一种简单方法，只需用新的图解替换原先的图解即可。如雪花帽，只要两个图解的针数和行数相同，因为作品没有明显的前中心线。

如果原图解在垂直或水平方向上有一个明显的视觉中心，那么应该将新图解的中心线与原图解中的中心线对齐。例如，在冰柱毛衣育克图解中，重复图案的视觉中心位于第 7 针。替换图解需要将重复图案的视觉中心放在相同的位置，否则它在毛衣育克中看起来就会偏离中心。请看"麦浪"（P48），这个图解的针数和圈数跟冰柱图解一样，而且图案的视觉中心也在第 7 针上，所以用它来替换冰柱图案会很简单。

如果你的新图解没有视觉中心，比如"山脉"（P49），那么就不用担心这个问题。如果你的图解有视觉中心，但它不在同一个位置，可以重新规划图案的列或行，直到视觉中心重合为止：复制图解，明确出视觉中心，然后将图解一侧的列或行移动到另一侧，直到视觉中心在想要的位置（见"独角鲸群"图解 C）。

修改图解以适应

如果你想要使用的图解在针数或行数上不完全匹配，该怎么办呢？这里有一些修改图解的方法。

如果新图解更小

如制作克拉达爱心手套时想用"独角鲸群"图案来代替。单只独角鲸的图解 B 针数和行数较少，而且视觉中心与上侧克拉达图解 A 的位置不同。可以先取"独角鲸群"图解底部 13 圈，然后以主色线在侧边增加一列针数，以实现针数一致。为了使行数一致，我们可以多加几圈主色，使其与克拉达图解相同。此时独角鲸看起来还是偏离了中心，所以把右边的一列主色换到了左边。然后，将图解 A 底部 4 行的图解细节添加进来，还剩两行用主色填充，完成新图解 C。

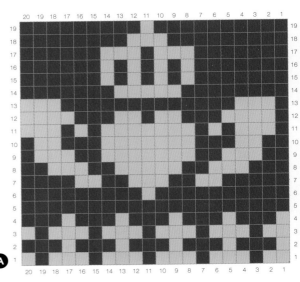

A

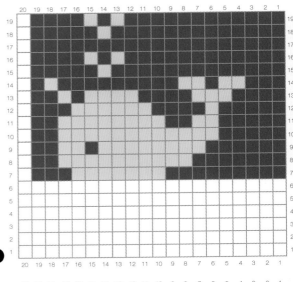

B

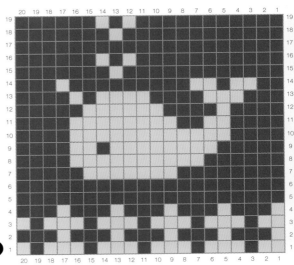

C

钩针编织配色图典　现代提花图案 150 例

如果新图解更大

如果图解由重复的图解构成，计算出一圈的总针数（结合自己的身材），然后把这个针数作为"积"。例如，如果在制作一项使用20针图解的帽子，而帽子上的图解重复了5次，那么就有100针的总针数。这意味着可以使用任意能被100针整除的图解。可以将10针的图解重复10次（10×10＝100），25针的图解重复4次（25×4＝100），50针的图解重复2次（50×2＝100），依此类推。但是万一想使用22针的图解，该怎么办呢？有几个选择：

1. 将22针的图解钩织5次，总针数比作品所需要的针数多10针。可以试着用更细的钩针来钩样片，看看帽子是不是可以增加10针尺寸也合适。如果可行，就不需要修改图解，但需要修改教程的其他部分。对于像帽子这样简单的作品来说，这可能不成问题，但对于更复杂的作品，可能需要一些作品设计方面的知识。如果只相差几针或几圈，可能直接按照稍有不同的针数和行数来编织即可。检查这是否会改变作品的尺寸，或者是否可以用其他方法来弥补差额？

2. 可以修改图解，去掉两列图案。这取决于最终使用的提花针法，可能会很明显，也可能不明显。

3. 可以给图解增加3列图案，然后少做一次重复，（22＋3）×4＝100。

4. 可以将图解重复4次，然后添加一个12针的图解元素作为点缀。

提示： 上述想法同样适用于修改圈数。

替换本书作品图解

如果你有兴趣更换本书中的作品图解，请参阅以下提示和指南。

对于某些类型的图案来说，为开襟毛衣更换图解是一个简单的过程，但对于其他配色图解来说，则需要付出更多的努力。这里我以荒地开衫为例，帮助你建立信心根据自己的需要来调整图解。

荒地开衫图解的替换

选择一些不需要完全重复就好看的图案，如"山脉"（P49）（省略图解的第1和第26圈），如"飞溅的浪花"（P60），或者"森林"（P21）。从主色线钩织的准备圈开始，按需要重复图解即可。

注意： 这个方法只适用于这件作品，因为开衫的正面中间有一个开口，所以图案不需要首尾连续起来。这个连接位置发生在袖子下面，被很好地隐藏了起来，所以不会造成视觉问题。

选择不需要完全重复的图解中应注意的事项：

1. 图案要有不对称性，看起来像是自由或随机设计的。

2. 宽度足够大，这样它就不会有明显的重复。

3. 图案非常小，如"格子"（P65），这样开衫的两个前片的不匹配或不对称就不会很明显。

替换图解时要多花点心思

替换荒地开衫毛衣的配色图解，首先要知道配色区域的总针数。衣身的胸围有125（143，163，177，201）针，袖子的最宽边（袖围）有46（52，58，64，72）针。配色图案区域的高度有24圈，含主色线的准备圈。

为了便于说明，假设要制作最小码的毛衣，想使用"大五角星"图案（P24，宽17针，高13行）。可以很容易地用主色线为它增加圈数，来使它高度足够。但是，如何让这个图解的总针数合适呢？

首先，用胸围的总针数除以图解宽度针数，就能得出图解所要重复的次数：125÷17＝7.35，这意味着你可以将图解重复7次，但还有一些多余的针数。为了计算出多余的针数，先将图解的重复次数乘以图解的针数：7次×17针＝119针。然后用胸围总针数减去这个数字：125针－119针＝6针，所以多余的针数是6针。

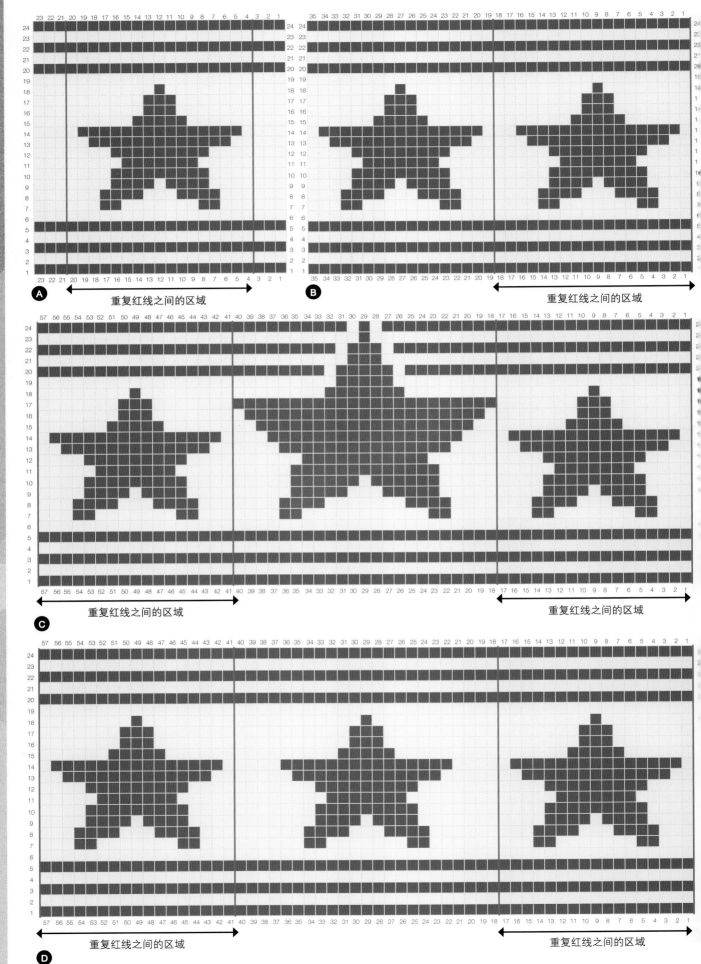

钩针编织配色图典 现代提花图案150例

接下来决定多余的针线应该放在哪里。你可以在配色图案区域的两端各多放3针（A），也可以把它们分布在重复的图解之间（每1次重复放1针）（B），还可以把它们加在后中心的位置。因为图解的重复次数是奇数，所以后中心为1个五角星图案，因此你可能需要改变后中心的五角星图案，以容纳多出来的6针（使星形图案更宽）（C），或者在后中心的五角星图案两侧各多放3针（D）。

同样的原则也适用于袖子部分。计算时，结合所选择的袖子尺码，取袖子配色区域最宽处的针数作为总针数，随后再进行袖子下方的减针推算。例如，对于最小码的毛衣，配色图案区域的总针数是46。因此，46针÷17针=2.7。这意味着袖子可以安排2个五角星图案，还会余出一些针数。图解17针×重复2次=34针，用总数减去34针：46针-34针=12针，多余的针数为12针。

要分配这多余出的12针，可以使用与主体相同的方法。最简单的方法是将它们放在图解的开头和结尾。为了更直观地说明这一点，可以复制一份袖子图解，然后将其从中间剪开，再将新的图案放在中间。我们可以将多余的针数的一半（6针）分配到新图解重复针数的右边，另一半（6针）分配到左边（E）。请注意，这6针是根据袖子的上边缘来计算的，由于袖子是减针钩织，图解底部的针数要更少一些。现在，可以清楚地看到不属于图案重复部分的多余针目了，灵活地用颜色来填充它们（F）。请注意，我把不编织的针目改成了灰色，目的是让图解中浅色的针目可以更好地显示出来。

小窍门

虽然看似很费时间，但如果你要制作一个更复杂的替换图解，最好先制作一个完整的新图解，以确保你在动工之前就喜欢它的最终效果。有专门制作此类图解的免费网站，但你也可以使用Excel或普通的彩色铅笔和绘图纸！

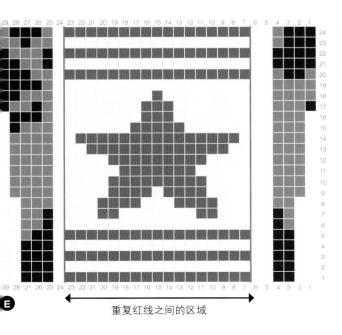

E 重复红线之间的区域

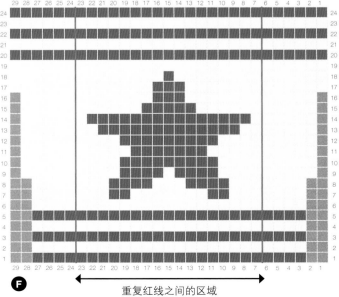

F 重复红线之间的区域

替换和修改图解

雪花帽图解的替换

这件作品有很多替换的选择，如找一些 20 针重复的图解，进行 1：1 的替换，或者 60、40、30、15、10、8、5、4、3、2 针的重复也可以。在帽顶开始减针之前，共有 34 圈。如果图解没有那么高，不需要把配色图案提高那么多。"圆点"（P88）、"森林"（P21）、"狼嚎"（P34）、"伊斯坦布尔"（P22）、"豹纹"（P36）、"冰淇淋"（P40）、"山脉"（P49），这些样片都非常适合。

踏板围巾图解的替换

设计这件作品就是为了能够展示任何加长短针的配色图案，只需调整围巾的长度即可。围巾的针数 = 图解重复针数 × 重复次数。在此基础上增加 4 针：打结那一段的终点增加 2 个主色针目，每一行的起点增加 1 个主色针目，再额外增加 1 针作为开始锁针（起立针）。

例如： 使用"大剪刀"图解（P43），图案宽度为 32针，将它重复 9 次，计算方法如下：32 针 ×9 = 288 针。为了让围巾的边框与剪刀的颜色相同，可以在两端各增加 2 针（两端各加 1 针背景色，这样剪刀图案就不会与边框混淆了）。此时我们的针数变为 288 针 +2 针 = 290 针。然后为终点侧的边缘加 2 针，在起点侧的边缘加 1 针，再在准备行的起立针加一个锁针：290 针 +2 针 +1 针 +1 针 = 294 针。

注意： 在起点侧的边缘只设置了 1 针，但是终点的边缘设置 2 针，因为起点侧第 1 针有个开始锁针（起立针），这 1 针不计入针数，但是为开始侧的边框增加厚度，使其与终点侧边框的宽度相匹配。此外，由于"大剪刀"图案的结束于纯色的背景色，你可以在围巾的起点侧也加 1 针，以使配色图案对称。

要想简单、无数学难度地替换图解，可以选择一个 8针重复的图解，然后根据你想要的围巾宽度，灵活地编织出足够的行数。推荐以下几种图案："经纬交织"（P37）、"散落的钻石"（P42）、"振动"（P34）或"埃舍尔立方体"（P31）。

克拉达爱心连指手套图解的替换

需要选用 20 针 14 圈的小图解。可将克拉达上侧图解（P109）的第 5 ~ 19 圈替换成"心碎"（P54）的第 2 ~ 16

圈，两端再各增加 1 列主色针目。

可将克拉达上侧图解的第 6 ~ 19 圈替换成"小独角兽"（P74）或"代尔夫特陶"（P64）的第 2 ~ 15 圈。或者将克拉达上侧图解的第 5 ~ 19 圈换成"兔子与爱心"（P62）的第 1 ~ 15 圈（可省略心形部分，用主色线完成此部分即可）。或者用"小象内莉"（P60）、"独角鲸群"（P86）（按图片 G 和 H 所示用主色线进行图案填充）替换。

冰柱套头毛衫图解的替换

可用"麦浪"（P48）、"钻石山"（P28）、"女孩的好朋友"（P32）、"花园"（P54）、"阶段"（P51）和"放大"（P77）等图案替换，它们都拥有相同的针数和行数，而且视觉中心也在相同的位置。"复活节岛"（P78）的针数相同，如果将图解的最下面一行作为准备行，那么它的行数也相同。在减针图解中，小菱形图案可以选择钩或不钩。小菱形图案将在视觉上对齐以上的图案，如果决定不使用它，可以使用该图解中的纯色主色来编织（换句话说，除了教程提示要包裹着配色线编织外，不要使用配色线）。

"纸杯蛋糕"（P30）、"幸运马蹄"（P64）和"小屋子"（P85）的针数相同，视觉中心也在相同的位置（第 7 针），但是图解的圈数较少。如果想使用这些图解中的任何一种来替换，可以在图案的上方和下方做一个简单的条纹图案，直到得到合适的圈数，或者也可以简单地只增加几圈主色（可以加在上方或下方或两者同时加，见 I 和 J），以填补作品中不足的圈数。

因其他原因修改图解

如果按配色图解钩织时，对针目的清晰度不满意，还可以翻转配色图案，尝试制作出它的镜像图案。例如，如果想用本书中的一个以右斜线为主的图案进行创作，而你又想用加长短针的针法进行创作（这种针法在右斜线上会出现锯齿状的断点），那么可以翻转图解创作成镜像图案。这将使斜线更加连续，因为它们将向左倾斜。另一个需要注意的地方是，可以将图解旋转 90 度，改为横向钩织。这个技巧在制作横向结构的围巾时很有帮助，你的图解在围巾上不会变成横向的。然而，旋转图解需要先钩一小块样片作测试，因为这会影响到整个配色图案的外观。

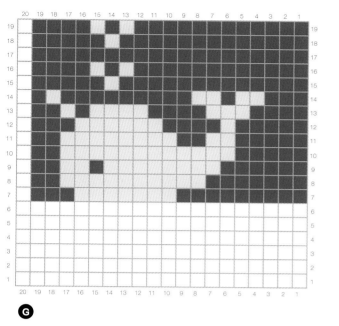

G

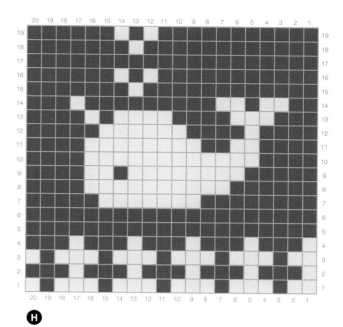

H

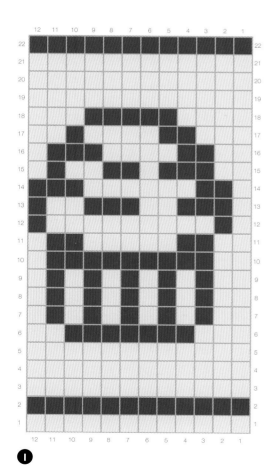

I

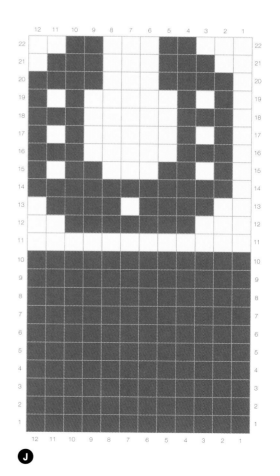

J

索引

配色编织图案索引

钩针编织配色图典 现代提花图案 150 例

作者

布伦达·K·B·安德森：*Creative Crochet Corner*（美国《创意钩编角落》杂志）的主编，她不仅为众多出版物和编织设计公司设计作品，还出版了两本个人钩织作品集。居住在美国明尼苏达州圣保罗的她，享受着一年中九个月的毛衣季节。夜深人静时，孩子们入睡后，布伦达会沉浸在手工、编织和缝纫的世界中直至深夜。她设计的玩偶总能逗得孩子们哈哈大笑，而她设计制作的配饰则备受朋友和家人的喜爱，成为他们争先佩戴的时尚单品。

译者

舒舒：舒编舒译工作室创始人，专业编织讲师，毕业于华南师范大学外国语言文化学院，已翻译英、日、俄等多部编织著作；作为广州第一间日本手艺普及协会认定的编织教室创始人，擅长左手带线特色教学；所指导的"醒狮织绣"艺术实践工作坊项目，曾获全国第六届中小学生艺术展演活动学生艺术实践工作坊一等奖。

致谢

这本书是我们团队共同努力的成果。它的诞生可以追溯到多年前，在众多杰出人才的协助下，这本独一无二的书籍终于得以问世。

首先，我需要向最初的 Interweave 团队致以由衷的感谢，感谢优秀的凯瑞·博格特（Kerry Bogert）第一时间播下创作这本书的种子，其次感谢丹妮拉·尼（Daniella Nii）敏锐的专业目光，以及娜塔莉·莫尔努（Nathalie Mornu）耐心而亲切的鼓励。

还要感谢令人难以置信的大卫和查尔斯出版社（David and Charles）团队的阿梅·韦尔索（Ame Verso）使这本书更加生动，她从一开始就深信这本书会成功，理解这本书所要达到的目标，并帮我实现。我同样非常感谢杰西卡·克罗珀（Jessica Cropper）、杰妮·乔恩（Jeni Chown）、山姆·斯塔登（Sam Staddon）、杰森·詹金斯（Jason Jenkins），当然还有非常耐心的玛丽·克莱顿（Marie Clayton）和林赛·考比（Lindsay Kaubi），感谢她们的智慧，将我那些无边无际的想法和图解变成一本使用方便、内容丰富、美轮美奂的图书！

还要特别感谢莫莉·卡塞克（Molly Cacek），从我的钩织生涯一开始，她就一直在鼓励我。莫莉用钩针帮我完成了本书样片的制作。如果没有她的钩织才能，我现在肯定还在磨蹭着制作样片。

在设计图解的整个过程中，我非常依赖我的姐姐丽萨（Lisa）和我的丈夫亚伦（Aaron），我发送图解给他们（有时一天会发很多次），然后介绍"这是什么"，根据他们的回答，决定这些图解是否能添加到我的设计合集中，或者被删除。他们共同完成了第一轮图案筛选，如同整个作品的预编辑。

我还要郑重感谢我的父母，他们教会了我自己动手制作的价值，还有安雅（Anya）和罗尼（Ronnie）——我可爱的孩子们。

最重要的是，感谢多年来支持我的工作、鼓励我、启发我设计的所有钩针爱好者们。这本书是为你们而写的！

新书速递

更多原创经典图书供编织爱好者参考

《钩针编织基础教程》

★ 创意与技巧同行的专业编织指南

《从领口开始编织的棒针毛衫》

★ 经典永不过时，新手也能掌握

《嬿兮整花一线连：无须断线的钩编花片应用》

★ 新颖、高效，富有创造力的钩编技法

《质趣志 01：藏在毛线里的编织乐趣》《质趣志 02：编织的色彩乐章》

★ 编织爱好者们自己的作品合集，有故事的编织书

图书在版编目（CIP）数据

钩针编织配色图典：现代提花图案150例 / （美）布伦达·K·B·安德森（Brenda K. B. Anderson）著；舒舒译. -- 上海：上海科学技术出版社，2025. 1. -- （编织的世界）. -- ISBN 978-7-5478-6854-6

Ⅰ. TS935.521-64

中国国家版本馆CIP数据核字第2024UG2613号

The Hooktionary: A CROCHET DICTIONARY OF 150 MODERN TAPESTRY CROCHET MOTIFS by Brenda K.B. Anderson

Copyright © Brenda K.B. Anderson, David and Charles Ltd 2023, Suite A, Tourism House, Exeter, Devon, EX2 5WS, UK

上海市版权局著作权合同登记号 （图字：09-2023-0665 号）

钩针编织配色图典：现代提花图案 150 例

［美］布伦达·K·B·安德森（Brenda K.B. Anderson） 著

舒舒 译

上海世纪出版（集团）有限公司
上海科学技术出版社 出版、发行
（上海市闵行区号景路 159 弄 A 座 9F-10F）
邮政编码 201101   www. sstp. cn
上海雅昌艺术印刷有限公司印刷
开本 889×1194   1/16   印张 9.5
字数 300 千字
2025 年 1 月第 1 版   2025 年 1 月第 1 次印刷
ISBN 978-7-5478-6854-6/TS·263
定价：88.00 元

本书如有缺页、错装或坏损等严重质量问题，请向工厂联系调换